"十三五"国家重点图书出版规划项目
国家重点研发计划"闽三角城市群生态安全格局网络设计与安全
保障技术集成与示范"（2016YFC0502903）

海绵城市丛书

U0157596

海绵城市
建设理念、方法与实践
——以厦门市为例

厦门市城市规划设计研究院　编著

中国建筑工业出版社

图书在版编目（CIP）数据

海绵城市建设理念、方法与实践：以厦门市为例 / 厦门市城市规划设计研究院
编著 .— 北京：中国建筑工业出版社，2020.9
（海绵城市丛书）
ISBN 978-7-112-25335-7

Ⅰ. ①海…　Ⅱ. ①厦…　Ⅲ. ①城市建设-研究-厦门　Ⅳ. ① TU984.257.1

中国版本图书馆 CIP 数据核字（2020）第 133383 号

本书内容包括海绵城市建设的理论基础、海绵城市建设的生态格局、海绵城市建设的规划体系、海绵城市建设的工作方法、海绵城市建设的技术研究、海绵城市建设的信息化管控平台以及海绵城市建设的实践案例等。

本书可供广大城乡规划师、城乡规划管理人员、高等院校城乡规划专业师生、市政行业人员等学习参考。

责任编辑：吴宇江
责任校对：赵　菲

海绵城市丛书

海绵城市建设理念、方法与实践
——以厦门市为例
厦门市城市规划设计研究院　编著

*

中国建筑工业出版社出版、发行（北京海淀三里河路9号）
各地新华书店、建筑书店经销
北京建筑工业印刷厂制版
天津图文方嘉印刷有限公司印刷

*

开本：787×1092毫米　1/16　印张：9½　字数：159千字
2020年10月第一版　　2020年10月第一次印刷
定价：**88.00**元
ISBN 978-7-112-25335-7
　　（36310）

本书编委会

主　　编：邓伟骥　关天胜　吴连丰

顾　　问：边经卫

编　　写：周　培　关天胜　吴连丰　王　宁

　　　　　黄黛诗　谢鹏贵　王泽阳　王开春

　　　　　林卫红　王连接　张李翔　林俊杰

　　　　　陈俊宇　姚晓婧　郑钊颖

序

　　传统的城市建设导致不透水路面的增加，改变了城市原有的生态本色和水文特征，带来了水生态恶化、水资源紧缺、水环境污染、水安全缺乏保障等问题，严重影响了城市的有序运行和群众的生产生活。据统计，2010—2019年，全国有70%以上的城市发生过不同程度的洪涝灾害，其中150个城市洪涝灾害超过3次。解决传统城市建设带来的"水问题"，对城市的可持续发展至关重要。2013年12月，习近平总书记在中央城镇化工作会议上提出"建设自然积存、自然渗透、自然净化的海绵城市"，海绵城市建设工作由此在全国展开。

　　厦门是习近平总书记生态文明思想的重要孕育地。20世纪80年代中期，习近平同志在厦门工作期间主持编制了《1985-2000年厦门经济社会发展战略》，明确提出"创造良好的生态环境，建设优美、清洁、文明的海港风景城市"。他亲自牵头开展筼筜湖综合治理，创造性地提出了"依法治湖、截污处理、清淤筑岸、搞活水体、美化环境"的方针。厦门市委、市政府始终牢记习近平总书记"成为生态省建设的排头兵"的嘱托，紧紧抓住国务院支持福建省深入实施生态省战略并加快生态文明先行示范区建设的重要机遇，坚持"发展与保护并重，经济与环境双赢"的理念，逐步把厦门建设成为践行习近平生态文明思想的先行区、示范区。

　　《海绵城市建设理念、方法与实践——以厦门市为例》的出版，是厦门在城市建设中践行习近平生态文明思想的重要总结。厦门虽然山海格局优美、环境舒适宜居，但地域较小、发展空间有限、资源环境制约。近年来面临着本地水资源短缺、城市内涝、水体污染、热岛效应等的问题。这让厦门深刻地领会到海绵城市"自然积存、自然渗透、自然净化"的现实意义。

　　该著作总结了厦门市自2015年成为首批国家海绵城市建设试点以来的工作方式及成果，包括顶层制度、组织协调机制、规划体系、标准体系的建立，全市域推广的建设模式，海绵城市建设项目的全流程管控，基础技术研究和信息化管控平台的建设等。通过海沧马銮湾片区和翔安新城片区两个案例，详细阐述了海绵城市的实践和效果。

在总结方法和成效的同时，该著作也反思了厦门市海绵城市建设在理念和实践方面的不足。因地制宜、实事求是，明确了下一阶段厦门市海绵城市建设主要目标，提出了统筹优化管控指标，加强海绵设施、雨水管网及行泄通道 3 个系统之间的衔接，海绵设施精细化实施等具体工作内容。该著作涵盖了海绵城市建设的制度、标准、规划、设计、建设、管理等方面，可为全国推进实施海绵城市建设提供较为全面的参考。

希望厦门市的海绵城市建设继续面向生态文明建设和新型城镇化的国家战略发展，不断践行美丽厦门的发展目标，面向世界与未来，并致力于将厦门打造成滨海城市的生态文明典范。

前　言

　　海绵城市建设是习近平生态文明思想在城市建设中的具体体现，是一项长期性、系统性的工作。厦门市在生态文明建设中逐渐理顺管理方式，形成了一套相对完整与成熟的制度体系，早在 2013 年制定的《美丽厦门战略规划》中就已全面融合了海绵城市建设理念。2014 年开始的"多规合一"实践也取得了卓越的成效。自 2015 年获选全国首批"海绵城市"建设试点后，厦门市借助"多规合一"改革成果与经验，秉持"保护优先、生态为本和低影响开发"的初心，通过统筹规划、全域推广、精准管控和共同缔造等方面的积极探索，将海绵城市建设理念落实在城市建设管理中。

　　2015 年 8 月，厦门市提出全市域内开展海绵城市建设的工作计划，明确要求厦门市新建城区全面落实海绵城市理念，老城区结合城市更新有序推进海绵城市建设。同时，厦门市以海沧马銮湾和翔安新城两个片区共 35.9km² 作为海绵城市建设试点，分别探索了以问题为导向的建成区系统方案和以目标为导向的新城区系统方案。

　　为加强海绵城市建设的技术保障，厦门市政府依托厦门市城市规划设计研究院，于 2015 年 11 月成立了厦门市海绵城市工程技术研究中心（以下称"厦门市海绵中心"）。多年来，厦门市海绵中心承担了大量海绵城市规划编制、标准制定、专题研究、技术指导、平台建设、统筹协调、技术培育等综合性工作，助力厦门市圆满完成了试点考核工作。厦门市海绵城市建设相关成果获得了福建省科学技术进步二等奖、厦门市科学技术进步三等奖、全国工程咨询三等奖、上海市工程咨询二等奖、福建省优秀城市规划设计一等奖、厦门市第十一次社会科学优秀成果二等奖等多项奖项。

　　本书主要介绍厦门市开展海绵城市建设工作以来的工作内容和成果。第一章回顾了海绵城市的提出以及国内外解决城市发展中水问题的做法；第二章对海绵城市建设在城市水文学、环境科学、生态学和景观学方面的理论基础进行了总结；第三章讲述了厦门市海绵城市建设的生态格局和"水""城"相融的理念；第四章介绍了"总体规划、详细规划和专项系统实施规划"的三级海绵城市规划体系的构建，以及如何以专项规划为引领、详细规划做传导、系统方案来衔接的规划实施方案；第五章介绍了海绵城市建设项目"全市域推广、全流程管控和全社会参与"的海绵城市建设的工作方法；第六章主要介绍厦门市在海绵城市建设过程中进行的相关技术探索；第七章旨在介绍厦门市海绵城市建设信息化管控平台的建设与应用；第八章介绍了两个试点区的案例，分析了建成区和新城区的海绵城市建设具体实践；第九章对厦门市海绵城市建设进行了反思，对建设过程相关问题因地制宜的提出了解决方案。

本书得到国家科技部"十三五"重点研发计划"闽三角城市群生态安全格局网络设计与安全保障技术集成与示范"（2016YFC0502903）的支持，在编著过程中得到了华侨大学边经卫教授的指导，编者在此表示感谢。

本书是编写团队在海绵城市建设实践中的总结和提炼，旨在通过本书与读者分享厦门市海绵城市建设的规划理念、工作方法、技术探索和实践经验。限于编者知识范围、学术水平以及海绵城市建设的不断深化，书中难免存在不足之处，敬请读者批评指正。

本书编者

2020 年 4 月

目　录

第1章　海绵城市建设的背景

海绵城市理念在我国可追溯至 2012 年低碳城市与区域发展科技论坛，由 2013 年中央城镇化工作会议提出。国务院办公厅关于推进海绵城市建设的指导意见指出，海绵城市是指通过加强城市规划建设管理，充分发挥建筑、道路和绿地、水系等生态系统对雨水的吸纳、蓄渗和缓释作用，有效控制雨水径流，实现自然积存、自然渗透、自然净化的城市发展方式。本章主要介绍了海绵城市提出的背景及相关研究概况。

1.1　城市发展带来的水问题

城市以其高度集中的人口、产业和经济活动形成区域的中心，不断吸引着人口、产业、资金的进一步集聚。伴随着城市化进程，带来的是"城市病"的频发，城市面临着资源枯竭，环境恶化等问题。

水是生命之源，制约着城市的生存和发展。城市化进程的不断推进，给城市水资源带来了巨大的影响：城市建设、活动量增大，导致城市气候、水文条件改变，形成城市洪水灾害；社会经济活动的增加，造成城市水环境的污染，水质恶化；城市人口过度集中，导致城市供水不足，水资源短缺，地下水过度开采。城市水问题严重影响了城市的进一步发展，同时也严重影响城市居民健康的生产、生活。

1.1.1　城市洪涝灾害

近年来，城市暴雨洪水、内涝灾害频发，给城市居民的生产、生活带来了巨大的影响，造成巨大的经济损失，甚至人员伤亡。据相关统计，2010—2019 年，全国 70% 以上的城市发生过不同程度的洪涝灾害，其中 150 个城市洪涝灾害超过 3 次。每年雨季，各地降雨频繁，频频出现"城市看海""街道游鱼"的现象。2010 年 6 月 17 日，广西桂林市出现大到暴雨、局部大暴雨天气，漓江水位迅速上涨，市区积水严重，市民只能借助竹排出行。2012 年 7 月 21 日，北京遭遇特大暴雨，全市平均降水量 460mm，造成 77 人遇难，190 万人口受灾，城市交通瘫痪，航班延误，地铁停运，火车晚点。2017 年 6 月 22 日以来，长沙市发生了历年同期历时最长、范围最广、雨量最多、强度最大的降雨，造成了重大人员伤亡和财产损失。2018 年 7 月 5 ～ 8 日，江西省部分地区遭受强降雨袭击，导致景德镇昌江区、抚州市临川区发生严重内涝，多个路段因积水通行困难，大量房屋、商铺进水，普遍进水深度达 2m。城市防洪排涝已成为中国防洪排涝体系的一个突出短板，严重影响了城市人民生命财产安全，对城市形象造成了负面的影响。

造成城市洪涝灾害的主要原因有两方面：一方面是气候变化诱发，即全球变暖、城市热岛效应等易导致气温的普遍上升，带来城市上空大气的持水能力持续增强。加上能够催化水汽凝结的大气污染粒子剧增，使得大量水汽凝结后产生降水，往往形成大雨、暴雨等强度较大的降雨，从而诱发洪涝灾害；另一方面是由于城市开发建设时多以沥青、柏油、混凝土替代草地、林地，大量下垫面被硬化后整体透水性大幅下降，不仅导致更多的降水无法下渗而形成地面径流，而且大大缩短径流汇集时间，造成瞬时洪峰增大，加剧了洪涝的破坏性。

此外，还有一些辅助因素也加重了城市洪涝灾害。例如，原有自然河道被人工改造甚至填埋占用，导致长期形成的自然排水格局被破坏，城市自身排水能力下降；城市配套建设的人工排水系统虽然能够加快收集地面径流，但是多数由于与冲沟、溪流、江河等天然排水系统未能有效衔接，造成排水不畅；城市局部低洼点，如地下停车场、地下商场、下穿通道等高程较低的区域，往往由于排涝措施不到位，导致雨水汇集积存后无法排出，成为城市洪涝的重灾区。

1.1.2　水质恶化

随着城市化进程的加快，城市生活污水和工业废水排放量迅速增加，导致城市水环境污染。我国 8000 个水功能区中，2016 年水功能区的达标率仅为 59%。水体污染具有复合性、流域性和长期性的特点，已经成为最严重和最突出的水问题。

导致城市水质恶化、水体污染的原因主要有两个方面，一是城市工业污染，主要是在工业生产中排放的废水、废气、废渣。废水中含有大量有毒、有害物质，如工业生产用料、副产品等。废气中的有害物质，如硫化氢、氟化物、氮氧化物等物质，排放到空气中导致大气污染，形成酸雨降落至地表，导致水体污染、水质恶化。工业废渣是指在工业生产中，排放出的有毒的、易燃的、有腐蚀性的、传染疾病的、有化学反应性的以及其他危害的固体废物，这些有害物质在降雨的影响下，随着雨水的冲刷流入水体，造成水体的污染；二是城市生活污水排放。主要包括盥洗产生废水、厨房废水等，这些废水中含有大量有机物、无机盐类。这些污染物的排放，易造成水体富营养化，水体腐化变臭。这两类污染源具有排放量大、影响面广、成分复杂、处理难度大的特性，易造成大面积的水体污染，威胁人类身体健康及生物生存，破坏生态平衡。

1.1.3 水资源短缺

地球上淡水资源极其有限，在全部水资源中，97.5% 是咸水，无法直接饮用。在余下的 2.5% 的淡水中，有 87% 是人类难以利用的两极冰盖、高山冰川和永冻地带的冰雪。当今城市缺水问题已成为世界性问题，城市规模扩张、人口增加、工业发展迅速、城市需水量急剧增加，导致城市缺水问题日益严重。据统计，在我国 660 个城市中有 2/3 的城市缺水，严重缺水的城市达 110 个。

水资源短缺大致可分为资源型缺水和水质型缺水，造成资源型缺水的原因之一是人口过度集中，工业发展迅速，导致需水量增大，城市水资源有限，过度的用水造成资源型缺水。原因之二是由于气候、地质条件等原因所致。例如，处于干旱或半干旱地区，由于年降水量少，蒸发量大，导致水资源补给不足，造成缺水问题。由于地质水文条件的原因，使地表浅层缺少充足的储水空间，即使汛期时有充足的降水，但雨水多以地表径流的方式流走，地下水资源得不到有效的补给，使该地在汛期过后依旧缺水。水质型缺水主要是因为城市人口日常生活污水和生产活动带来的污水，造成水资源污染、水质恶化，可供人们利用的水资源不足，造成城市水资源短缺。

1.2 城市水问题研究进展

1.2.1 美国 BMPs

20 世纪 50—60 年代，美国人发现虽然城市污水系统日益完善，城市污水处理率达到 90% 以上，但是城市水环境并没有明显的改善。从 20 世纪 60 年代起，美国开始重视雨水径流污染的控制和合流制排水系统污染控制等非点源污染的研究，以期能够有效控制水体污染，改善水质环境。1972 年美国联邦水污染控制修正案（Federal Water Pullution Control Act Amendment）中首次提出了最佳管理措施（Best Management Practices，BMPs），该措施旨在控制美国的非点源污染。美国联邦环保局（USEPA）将 BMPs 定义为"任何能够减少或预防水资源污染的方法、措施或操作程序，包括结构、非结构性措施的操作与维护程序"。

BMPs 措施按不同的分类标准有不同的分类方式，通常分为工程性措施和非工程性措施。工程性措施主要包括草地、草沟、池塘、湿地和雨水花园等；非工程性措施主要包括宣传教育、法律法规等管理措施。也可按照 BMPs 是否具有可见结构体分为结构性 BMPs 和非结构性 BMPs。结构性 BMPs 以控制雨水径流量和水污染量为核心任务，通过雨水工程设施来减缓雨水径流速度、加强土壤渗透和增强生物净化等控制水污染，具体的雨水设施包括雨水花园、草带、滞洪池、湿地和透水铺装等。非结构性 BMPs 主要包括环境法规与政策、公共卫生管理、土地规划利用、材料使用限制和宣传教育等。非结构性 BMPs 通过管理措施来改变人们的观念和行为从而减少污染物的产生。

案例分析——美国波特兰雨水花园

波特兰雨水花园位于俄勒冈州会议中心，是由梅尔·里德景观设计事务设计的规模最大的"雨水花园"（图1-1）。屋顶雨水通过管道收集起来并引入石砌的浅水池中。"雨水花园"几乎收集了屋顶上的全部雨水。其采取的具体措施有：

图 1-1 波特兰雨水花园
（资料来源：百度图片，https：//image.so.com/view？ q＝波特兰雨水花园）

（1）地表径流管理：减少传统的排水设施，尤其是地表以下的设施，由"雨水花园"将雨水收集起来，同时建立一系列的人工渗透设施与生物过滤带等，收集和引导雨水，并更好实现雨水的蒸发、吸收及下渗。

（2）恢复建立绿色生态系统：自然界的植被和土壤有利于实现雨水的吸收与渗透作用，不仅可以保持水土，还能减少对管道设施的需求以及减轻下游雨水管理处理设备的负担。

（3）建立绿色街道：所谓"绿色街道"就是通过人工渗透池、雨水花园以及街道与人行道之间常有的浅沟来收集雨水。"绿色街道"让雨水通过入渗沟流到被植被覆盖的低洼处，雨水通过一系列的净化能够下渗补给地下水。波特兰的"绿色街道"每小时至少可以吸收约 50mm 的雨水，对城市雨水管理有着重要影响。

美国从认识到雨水径流携带的污染对水体质量有显著的影响，到立法、发展，最终推广雨水污染控制的管理方法有 20 多年。目前，美国的水污染防治在控制城市生活污水、工业污水及部分农村家庭生活污水等方面比较成熟。尽管城市雨水的问题日益显著，目前考虑较多的是为防洪而做的雨水存蓄设施和排水设施，从雨水污染控制层面开展的工作有限。随着城市化及城市人口的增长，采取控制雨水径流污染的措施势在必行。

美国 BMPs 的实践启示我们，要尽早制定雨水污染控制的相关法律法规和执行办法，结合水污染的实际情况，明确雨水污染控制的目标。确定合适的城市雨水收集系统，采用分散污染物的源头控制和末端集中处理相结合的手段，控制污染物的产生，有效去除污染物。在城市规划和土地开发过程中，综合考虑雨水污染控制和雨水收集利用系统以节约建设成本。因地制宜探索雨水污染控制技术，通过宣传和教育加强公众对雨水污染的认识。

1.2.2 美国 LID

20 世纪 90 年代初在美国马里兰州乔治王子县（Prince George's County, Maryland）的萨默塞特（Somerset）居住区建设中，最早提出并实践了低影响开发策略（Low Impact Development，LID）。地产开发商布林克尔提出用"雨水花园"的理念来设计街道，以解决住区街道雨水排放问题。通过建设临街住宅的前庭院雨水花园构成自然雨水管理景观系统，实现雨水的滞留、吸收、下渗、净化。实践证明，建成后的自然雨水管理系统高效、经济地解决了住区街道雨水排放问题。此时低影响开发仍是作为传统雨水管理措施的替代选择方法，直至 20 世纪 90 年代末，在美国环境保护署（EPA）的倡导下，低影响开发研究逐步成熟，成为城市雨水管理的推荐方法，开始在美国各级地方的城市建设项目中使用。

最初美国住房和城市发展部发展政策研究室将 LID 定义为：节约和保护自然资源系统，减少基础设施成本，同时综合土地规划、设计实践以及工程技术的土地开发方法。在城市雨洪管理领域，LID 是指基于自然水文条件模拟和防洪防控的雨水管理方法，目的在于减少区域径流和降低水环境污染，以恢复建设地区开发前的水文环境特性。它以场地自然水文条件、雨水自然循环过程为依据，通过分散规划设计一系列软质雨水管理景观设施（Stormwater Landscape Facilities），结合生态化措施，综合采用入渗、过滤、蒸发和蓄流等方式减少径流量和径流速率、控制径流污染，构建一个强调源头、分散式的雨水管理网络，实现对场地雨水水量与雨水水质的管控。

LID 是雨水管理与可持续发展思想、精明增长（Smart Growth）理论相结合的产物，强调运用规划设计手段模拟自然的水文过程，从源头控制，避免影响的产生；借助场地中分散式、小尺度的生态措施取代流域末端价格昂贵的雨水收集设施，实现环境保护和经济的双赢。

LID 通常是多种控制技术的综合，具体包括工程性措施和非工程性措施。工程性措施是指用于控制雨洪过程中出现的污染和洪涝问题的各种处理技术和设施，如湿地、生物滞留池、植被过滤带等；非工程性措施是指通过管理、制度或教育等非技术手段实现雨洪管理目标，后逐渐引入规划手段，使大型、工程性措施的使用尽量减少，如合理布局街道、科学布设绿地、合理选用建设材料、良好的环卫管理等。两种措施主要的区别是，非工程性措施侧重预防，工程性措施侧重缓解雨水径流及对水质的影响。

LID 的发展经验表明，要建立健全的法律法规制度，重视自然环境，加强非建设工程措施的运用，将雨水利用与公园环境设计等社会功能结合起来。

案例分析——唐纳德溪水公园

唐纳德溪水公园位于波特兰市的中心区域，占地面积约为 4000m²，公园最开始是湿地，随着城市发展建设需求，被规划为棕色地带（图 1-2）。该公园的设计通过恢复原有水体和湿地生态环境作为公园的主要景观，以重新诠释该地作为湿地的历史起源——"用现代的新技术再现过去"，并以此作为新公园的特色。项目设计充分利用了基地地形从南到北逐渐

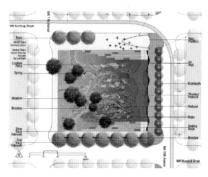

图 1-2 唐纳德溪水公园
（资料来源：photo.zhulong.com）

降低的特点，公园高处设计了典型的公园景观要素，例如乔木、草地和种植床等，从高处开始放坡，经过大型的城市化的草垫、湿地、边缘种植区到浅水水体。植物种类的变化反映了立体环境湿度由干到湿的变化。径流从水渠或溪流中泵入主要水体，水体结合本地的草种种植构建了天然的植被缓冲地带。唐纳德溪水公园的设计不仅仅是满足地形，而是在原有景观基础上创造了为现代公众服务的新景观。"之"字形的漂浮码头、以铁路轨道为原型的波动的景墙都能唤起人们对于这块地方的记忆（图 1-2）。

公园在设计时侧重了雨水收集的生态营造，公园生态区大约占公园的90%。由于公园的面积有限，考虑到人们休憩的需求，在公园中设置了座椅等，休憩区大约占 10%。公园是周边街道雨水的集聚场地，通过坡地的过滤带对雨水进行净化过滤，汇入公园的水池中，在为周边的休憩空间提供滨水空间的同时，也对周边雨水进行存储净化，缓解了城市管网压力。公园设计基地的生态修复和重组不仅仅是为了怀旧和补偿，更重要的是创造为当下公众服务的新景观。公园雨水利用设计在原有的湿地表底下，通过现代元素，将城市的文化抽象出来，以景观化的雨水利用设计，保留了城市传统的空间基底。唐纳德溪水公园充分体现了景观设计中"人工自然"的生态功能，通过模仿自然特点和自然元素创建人工化的生态秩序，从而创造满足自然条件、适合人们使用的人工自然环境。

1.2.3 英国 SUDS

英国是典型的海洋性气候，受大西洋暖流的影响，全国年平均降雨量超过 1000mm，呈现北部、西部雨量较多，南部、东部有所缺乏的特点。靠近大西洋的西部大片区域，年降雨量超过 1500mm，时常会出现短时的强降雨恶劣气候。英国在 19 世纪已基本完成城镇化，城市建有较为完善的排水系统。随着城市人口不断增加，城市建设量增大，房屋增多，不透水路面逐渐取代自然下垫面。当城市遭遇暴雨时，地表径流量增大，陈旧的排水管网无法应对瞬时增大的排水量，因而导致城市内涝频发。若要满足城市的排水需求，避免城市内涝的发生，需要将原有的城市排水管道进行扩容。但受英国法律、公众舆论、投资等因素的影响，很多古老城（镇）区域内不允许大拆、大建。对原有市政排水管网进行扩容改造的方法，基本行不通。因此，英国政府认识到必须改变城市（镇）雨水管控的思路。2010 年英国议会通过了《洪水与水治理法案 2010》，在英国境内推行城市（镇）区域可持续排水方案（Sustainable drainage systems）。

SUDS 是一种全新的城市排水措施。其强调水质、水量和地表水舒适宜人的娱乐游憩价值。SUDS 的设计目的是促进雨水渗入地下，或者在源头控制雨水进入雨水设施，以模仿自然的排水方式。根据 SUDS 系统的工程所在位置、所起作用的影响范围等，英国把 SUDS 工程措施对自然降水的管控，划分为 3 种类型和一个管理链：源头控制、点控制、区域管控，以及地表径流管理链。

源头控制是指在雨水径流产生的源头进行干预，以达到降低径流量的目的。如建造下沉式道路绿化带，并在路缘石上开口，引导雨水流入绿化带；建设屋顶花园，减少屋顶雨水的汇集；在屋顶落水管末端设置储水容器，储存由屋顶汇集的雨水，从而达到减少径流量的目的。

点控制是指局部地点的雨水径流控制设置。如道路两边的雨水边沟就属于点控制的一种。但与传统的雨水边沟不同，符合 SUDS 要求的雨水边沟一般不进行硬化。雨水流入边沟后，首先进行自然的渗透。同时，雨水边沟也起到澄清雨水的作用，使雨水得到初次的净化。当降雨量过大时，才会有多余的雨水流入排水管网，这在一定程度上减轻了排水管网的排水压力。点控制还适用于绿地，只需要将局部绿地进行改造，使其有一定的滞留雨水的能力即可，无需太多的工程费用，同时也不会破坏绿地的园艺功能。

区域控制是指对一个较大区域内形成的雨水径流进行总量控制。区域内需要有较大的储水场地，如湖泊、池塘。区域内的雨水首先汇集到湖泊、池塘内，进行初步的渗透和澄清，超过池塘、湖泊最大容量部分的雨水，再汇入城市排水管网。

雨水径流管理链，是指由源头控制、点控制、区域控制中至少两项措施的串联，组成一个雨水径流管控系统。

案例分析——伦敦奥林匹克公园建设工程

伦敦奥林匹克公园规划占地面积约为250亩，主要由奥林匹克运动场、水上运动中心、自行车馆、越野摩托车赛馆、赞助商接待处、国际广播中心和新闻中心等综合设施、轨道塔、公共区域、公共交通机构以及运营设施组成。该地区曾经为著名的商业发展区，因保存了第二次世界大战中的建筑废墟而闻名。当时区域污染情况严重，而且在治理后仍有大量残留。同时，场地中共有5片水系穿过，限制了渗透排水系统的使用。为了应对百年一遇的降雨事件和气候变化带来的洪水灾害，该公园将径流收集后排入河道中。

在开发过程中，施工人员将场地垫高9m，同时还加宽了河道以适应场馆建设的景观需求。奥运会结束后，该公园将会被改造成为伊丽莎白二世奥林匹克公园，园内的重要景观节点将与周边功能相结合，一些场馆将保留使用。

该公园的人行广场路面使用了多孔沥青带结构，这种结构可以收集多余的地表径流，并将他们渗透到沥青带下的多孔收集管道中。毗邻篮球馆和自行车赛馆的湿地区使用了过滤带和滞洪洼地收集净化地表径流。永久保留的体育场馆内使用了雨水收集系统。奥林匹克公园所有的设计技术和设备安装均符合相关权威机构的要求。

公园内主要道路采用了传统排水沟和雨水收集系统的组合方式，公共休闲区铺设多孔沥青带以方便收集地表径流，景观廊道和主要景观节点也都设置了SUDS设施。这些设施提高了该区域的水质，为水獭、翠鸟、灰鹭、水鼠等野生动植物提供了良好的避风港与栖息地。此外，公园湿地区域的进水口和排水口分别设置了过滤带和排水管，以便收集过量的地表径流，并排放至相邻的排水管道中。

根据当地环保局的要求，公园北部设有地表排水系统。该系统设计要考虑地形、水文、土壤条件以及污染情况等场地现状和气候变化对雨洪管理标准设定的影响。通过多学科合作，建设能够加强公共区域的生物多样性和舒适度的排水基础设施。最后，还要充分做好排水设施的维护工作。

目前，我国处于城镇化建设快速发展时期，自然的下垫面被大量的人工不透水路面所取代，城市暴雨导致城市内涝频发。传统的通过排水管网扩容来快速排出雨水的方案难度较大。可借鉴 SUDS 的理念,由"汇集"转变为"疏解",将雨水分散至不同的场地,减少雨水汇集,从而缓解城市排水管网的排水压力。在组织协调方面,要强化政府各部门合作和社区居民对雨水的利用,保障各项建设的顺利进行,确保雨水径流能在各个过程中得到疏解。应使城市雨水成为城市水景观的重要组成成分,提升城市水景观所具有的游憩、休闲价值,将城市水系打造为动植物良好的栖息地。

1.2.4 澳大利亚 WSUD

澳大利亚地处南半球,是一个岛国,地理环境特殊,降雨量极少(全境年平均降水仅有 455mm)。澳大利亚约 70% 的国土属于干旱或半干旱地带,降水对这个干旱的国家显得异常宝贵。此外,澳大利亚的人口高度聚集在沿海城市,城镇化率高,城市人口密集。人口的高度集中不仅使城市面临着巨大的水资源供给的压力,同时高强度的建设也给城市水环境带来巨大的影响。城市下垫面的改变,破坏了原有的自然排水路径,造成地下水补给不足,城市径流量增大。人类活动的增加,使城市污染加剧,雨水将地表污染物带入水体,使得水体受到污染、水质恶化。城市传统的雨洪模式希望能够快速的收集并排放雨水,但暴雨及径流量的增大超过排水系统的排放能力,从而导致城市内涝的产生。

基于澳大利亚的国情,城市建设发展对城市水环境的影响,以及对传统雨洪模式的反思,在 20 世纪 90 年代初,澳大利亚提出了 WSUD(Water Sensitive Urban Design)的理念。该理念将城市设计与城市水管理结合起来,以解决城市开发建设过程中产生的各种水问题,降低城市建设对水循环的影响,使城市能健康可持续地发展。由于这种想法较为前卫,在其刚被提出时并未得到民众广泛的认可。直到 20 世纪 90 年代中期,人们才逐渐认识到城市建设对城市水生态的影响以及传统雨洪管理模式的不足,这一观念才逐渐被人们接受。经过不断的探索与研究,到现在澳大利亚 WSUD 作为一种结合城市水循环的城市设计新思维已经发展为理论、技术、规范完善的学科,并作为借鉴和学习的对象,被许多国家和地区广泛接受。

关于 WSUD 定义的表述有很多,很多理论家和设计师对这一名词的定义给出了自己独特的见解。其中得到业界广泛共识的是水敏感城市联合指导委员会(Joint Steering Committee for Water Sensitive Cities)给出的定义：WSUD 是结合了城市水循环——供水、污水、雨水、地下水管理，城市设计和环境保护的综合性设计。简单来说，WSUD 是城市雨洪管理和城市设计两部分有机结合并达到优化的产物。

WSUD 核心理念是将城市雨洪视为一种资源，在城市规划层面进行综合管理应用，强调实现雨洪管理、生活用水和污水管理的一体化，从而保护城市水循环的平衡。主要措施为通过建筑、道路、公共设施等对雨水进行逐层蓄滞和再利用，经过处理后再将多余雨水排放到城市雨水管线中，最后结合人工自然水体景观对雨水径流进行收集和循环利用，以达到最佳利用效率。

与传统的雨洪管理理念相比，WSUD 更加注重城市水循环的连续与平衡。将污水和雨水经过处理再利用，一方面减少了对用水的需求；另一方面减少了径流量和径流污染。WSUD 水平衡在满足城市需求的前提下也减少了对水生态环境的不利影响。与传统城市设计相比 WSUD 是从解决城市水问题的角度出发，在不同规模的实践工程上将城市设计与水循环设施有机结合并达到优化，以实现可持续城市化。WSUD 给解决城市问题和指导城市可持续发展提供了新的思路和新的途径。

案例分析——林恩布鲁克房地产（墨尔本，维多利亚州）

方案概况

林恩布鲁克房地产（LynbrookEstate）位于墨尔本东南方向 35km 处，是一个 800 户规模的住宅项目，于 1999—2000 年进行施工，拥有 271 个建筑地块，约有 55hm²，是墨尔本第一个结合 WSUD 策略的居住开发方案。由于创新的 WSUD，该项目在 2000 年获得了由澳大利亚城市发展研究所颁发的总统卓越奖，是 WSUD 的典型案例之一。林恩布鲁克房地产有一套完整的 WSUD 系统，将建筑、道路、街道景观、公共开放空间与雨洪管理系统相结合，形成完整的"链条"。

具体布置如图 1-3：

位于次级道路上的浅草沟和砾石沟系统（Grass wale and gravel trench system）对径流进行收集、渗滤并传输到主干道。屋顶上的径流则由管道直接进入地下排水系统。

径流继续通过在主干道的隔离带中设置的生物滞留系统（Bio-retention system），利用植被进行渗滤，并由下部管道传送到湿地和湖泊系统（Wetland and lake system）。

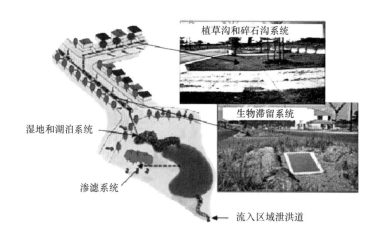

植草沟和碎石沟系统

生物滞留系统

湿地和湖泊系统

渗滤系统

流入区域泄洪道

图1-3   林恩布鲁克房地产水敏感城市设计示意图
（资料来源：A case study in WSUD-Lynbrook Estate，Melbourne Australia）

经过湿地和湖泊系统（Wetland and lake system）径流才会进入到湖泊和当地水系。在湖泊一侧的渗滤系统（Infiltration system）则可通过自重供给从湖里获得经过处理的水，以保证提供足够的水来灌溉城市公园。

这一系列WSUD措施减少了新建设项目对环境的影响，降低了暴雨后内涝的风险，减少了径流量和径流污染，尤其是降低了进入到当地水系中的悬浮固体、氮、磷和重金属负荷（降低了径流中90%的悬浮固体、80%的磷、60%的氮）。

我国与澳大利亚相似，也是一个缺水型国家，面临着快速城镇化带来的城市水问题。WSUD为我国应对城市水危机提供了如下的启示：

1. 将雨洪控制利用作为城市规划建设的重要目标

WSUD的理念与实践为我国城市雨洪管理开辟了崭新视角，也对城市规划建设提出了更高的目标与要求。即在城市发展和建设过程中，通过城市规划和设计的整体分析方法减少对自然水循环的负面影响和保护水生生态系统的健康，形成水环境与城市建设的友好互动，满足城市可持续发展的要求。城市规划对于统筹人口、经济、资源和生态环境之间的协调发展、优化城市水生态系统具有重要作用。因此，在城乡各级规划的编制过程中，应把雨水管理提高到资源节约、环境保护与城市可持续发展的高度加以重视，从规划理念、编制方法、指标体系、控制导则和管理等多方面进行创新，探索雨水管理和规划结合的途径和方法。

2. 注重城市规划与市政基础设施的协调配合

城市建设和发展是一个复杂的系统过程。城市水环境的改善和城市建设的双赢，必须建立在从规划、设计到施工、维护等各阶段都遵循相同原则的基础之上，即规划设计必须与具体的技术手段相呼应，否则必然会事倍功半。仅有规划设计，而在施工和维护过程中缺乏对水系统周详的考虑，没有具体的规范标准，再好的理念也无法实现。如果在规划设计过程中没有从整体考虑水文循环，没有提供选择和利用技术手段的参考，则这些单独的技术手段也无法达到其预期目的。因此，城市规划、景观设计、雨洪管理措施和市政基础设施的协调配合，对海绵城市建设具有借鉴意义。

3. 通过示范项目推动雨洪管理的理念与实践

从 WSUD 的实践经验来看，通过示范项目可以促进新理念被公众和专业人士所接受。例如，在城市滨水区的开放空间和大型公建等示范项目中政府可以起到主导作用，能够保证理念的贯彻和实施的有效性，示范效应较大。景观设计与雨洪管理的结合，对增加项目的美学价值、改善城市风貌、提高公众认可程度具有重要意义。项目本身的审美、生态价值和教育宣传对公众的认可和观念的转变起到十分关键的作用。此外，规划管理体制的变革、详细而简明的技术规范和手册、定量的实施效果和成本评估，都对雨洪管理经验的推广和实施有着非常重要的促进作用。

1.2.5 新西兰 LIUDD

新西兰位于太平洋西南部，绝大部分属温带海洋性气候，一年四季气候温和、雨量丰富。过量的雨水径流以及可利用淡水资源的短缺，促使政府开始雨洪管理方面的探索，经过不断的研究与实践，目前新西兰现代雨水管理已形成一套较为完整的体系，并取得了显著的成效。在 LID 技术和 WSUD 开发理念的基础上，新西兰科学技术研究基金会（FRST）结合新西兰规划实际，于 2003 年提出了低影响城市设计与开发理念（Low Impact Urban Design and Development，LIUDD）。

LIUDD 理念旨在通过系统的方法提高建成环境的可持续性，从而避免传统的建设方法带来的负面影响，同时保护生态水体以及陆地生态系统的完整性。LIUDD 是多种理念的综合，包括 LID、小区域保护（Conservation Sub-Divisions）、综合流域管理（Integrated Catchment Management）和可持续建筑（Sustainable Building）。其目的在于强调跨学科的规划与设计，实现自然资源价值的最大化，通过设计自然特征的系统调节径流量和温度，降低洪涝风险、控制污染物、改善流域环境。

新西兰主要由国家、省（大区）、市等几级政府分别制定具体的雨水利用制度及管理措施。省和市级发挥的作用较大，尤其是市级政府，它既是政策的制定者，又是具体的管理者。新西兰根据不同区域类型、限制原因，采取不同的雨水排放政策规定（图1-4）。具体内容主要包括：（1）雨水排放一般不能增加现存的负面影响，同时不可对下游河流带来不利影响；（2）申请土地时，应根据国会等部门制定的雨水排放地图进行分类，根据不同地区的分类采用不同的雨水排放政策；（3）在居住区的新开发或者拟扩建地区雨水处置系统的设计规模应满足 10 年的暴雨重现期；（4）在商业区满足 20 年的暴雨重现期；（5）公园及开阔地带应满足 5 年的暴雨重现期。

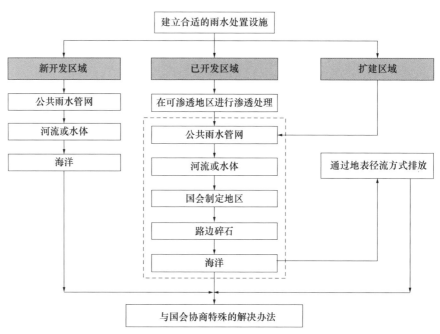

图1-4　LIUDD 中新开发区、扩建区域、已开发区域的处置方法优先级示意图
（资料来源：作者自绘）

案例分析——新西兰奥克兰北岸长湾

1. 规划目标

该地区（图1-5）主要由沃恩斯流域（Vaughans Stream）和小部分阿瓦卢库流域（Awaruku stream）的集水区组成，这些溪流排入长湾公园（the Long Bay Regional Park）和大仓—长湾海洋保护区（Okura-Long Bay Marine Reserve）内的海岸。整个流域由灌木覆盖，常有牧民来此放牧，具有很高的生态价值，为保护地区的生态环境不受破坏，同时更好

地满足周边市民休憩娱乐的需求，需要对该地区进行全面的规划提升。北岸市议会面临的挑战是通过设计和管理城市形态，以便在河流走廊内保持长湾公园环境的连续性，并在整个过程中保护水质、水陆生态价值以及整个集水区的环境质量。设计主要目标是保护长湾公园的自然生态，同时允许适当的发展以适应不可避免的人口增长。

2. 规划过程

沃恩斯流域集水区和毗邻的 Awaruku 集水区的结构规划是由环境法院于 1996 年指定的，该规划允许大都会城市界限从沃恩斯流域集水区的南部向北部山脊移动（图 1-5）。在 2001 年至 2008 年间，北岸市议会不断完善方案设计并在环境法院进行听证，最终的规划方案已被纳入市政法规规划文件中。

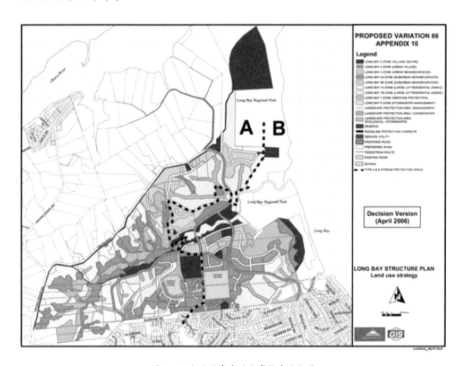

图 1-5　新西兰奥克兰北岸长湾区位图
（资料来源：新西兰奥克兰北岸长湾规划）

议会编写了一份涵盖雨水和污水处理的方案，作为向区域政府申请同意将雨水排入自然环境的申请的一部分。这是结构规划过程的重要部分，而结构规划过程会对城市法定规划的改变做出影响。

3. 基于 LIUDD 理念的设计

基于 LIUDD 理念的设计特征包括：以整个流域作为设计单位；尽量减少脆弱地区的土方工程；保护和加强河岸和集水区上游的水生和陆地

生态系统；源头雨水管理，以维持开发前雨水排放水平为目标；最小化不透水表面；在全流域减小发展密度，增强生态系统功能（图 1-5）；通过强制性安装和使用雨水箱来提供非饮用水的供应，以解决淡水资源短缺的问题。

长湾结构规划的流程是新西兰综合结构设计、ICM 规划和 LIUDD 理念的典型成功案例之一。虽然并非其中所有的 LIUDD 方法都可能实现，但长湾项目在全面地采用 LIUDD 方法方面做出了承诺。

4. 自上到下的规划参与

地方政府及其联合机构在确定长湾的奥克兰地区增长战略（the Auckland Regional Growth Strategy（ARGF 1999）of Long Bay）中，将长湾规划纳入其中，并给予政策支持。区域和地方各级的雨水工程的专业人士也非常拥护集水区的城市设计。结构规划的准备工作也包括社区咨询（北岸市议会 1998，1999），政府会定期听取居民在官方和媒体发布期间表达的回应和诉求并加以解决。同时，北岸市议会在过去十年中的设计、规划、审批以及协调管理过程中的一系列成功操作，也给其他地区政府提供了宝贵的借鉴经验。

1.2.6 新加坡 ABC 水计划

新加坡地处气候多雨的东南亚地区，雨水资源丰富，年平均降雨量在 2400mm 左右，但新加坡作为岛国，缺少蜿蜒纵横的河流，大部分降雨资源难以被利用，是公认的缺水国家。因此，雨水的收集与利用成为新加坡重要的发展议程之一。为提升雨水利用效率，改善原有排水管渠和水库的排水和蓄水功能，新加坡公共事业局于 2006 年启动了 ABC 水计划（Active，Beautiful，Clean Waters Programme）。

ABC 水计划中的"A"（Active）是指创造充满"活力"的亲水娱乐和社区空间；"B"（Beautiful）是指改造混凝土水渠使之与城市绿色环境融合成为"美丽"水景；"C"（Clean）是指通过水资源的整体管理，利用公共教育培养更和谐的人与水的关系来保持水源"清洁"，改善水质。该计划利用自然生态系统暂时滞留雨水，减少城市排水管渠网络的峰值径流，从而降低城市洪涝风险，雨水水质在流经生态系统的过程中将得到净化和提升。用人工蜿蜒的河流、湖泊代替传统的排水渠和蓄水池，利用生态手段对雨水进行自然净化，同时将这些河流、湖泊及周边绿地作为城市公共空间，为社区活动和市民娱乐提供良好的场地。新加坡以往的雨洪管理是利用排水管网和水道将暴雨径流迅速排放到周边河体或大海中。随着城市化加剧和全球气候变化，城市的地表径流水量不断增加，排水管渠也需要不断扩容。由于新加坡陆域 2/3 面积都是集水区，因此收集并改善城市化集水区的地表水质对确保水资源清洁而言至关重要。意识到排水管渠无法无限制地扩容，而城市化区域不渗透的屋顶和路面增加了雨量流失，公共事业局采用"源头"解决法，在雨水流失的源头采取措施。规划师、建筑师、景观设计师等工程师团队通过在城市化区域设置集中式雨水滞留罐、雨水花园，在建筑上增加屋顶绿化和垂直绿化，在城市道路上结合生物滞留洼地或建造人工湿地等多种手段在降雨时滞留雨水，减少雨洪径流的峰值。同时，滞留的雨水通过流经场地自然生态系统移除污染物，从而使水质得到净化改善。整个系统不需要太多维护且可以自我维持，不仅将承担传统排水功能的排水渠通过设计与周围环境整体融合，同时整合了绿色环境、水体和社区，为社交提供新空间并增强城市的生物多样性。

ABC 水计划具有整体性，体现在土地使用和多部门、多机构合作上。在土地使用方面，突破使用的物理管理边界，整体利用土地创造市民的娱乐休闲空间。ABC 水计划打破了典型土地利用规划的方式，不同用地功能之间的限制得以解除，土地整合起来整体规划。鼓励各类土地、基础设施与绿色和水体空间相结合，最大限度地释放出排水管渠和其沿线土地价值。在多部门合作方面，各个机构打破管理界限达成共识。公共事业局的内部工作委员会每月举行例会向利益相关方解释 ABC 水计划，并讨论解决思路，以确保计划的实施。例会同时促使议会、公共事业局、国家公园局和建屋发展局等多个公共机构之间达成共识，在未来的开发项目中整合 ABC 水计划的设计理念，各部门的合作进一步加强。

公共事业局意识到项目将涉及多个利益相关方，在 2005 年就设立了专门的团队来应对即将面临的沟通问题，并确立采用市民、公共和私营机构（People，Public，Private）合作的模式，这一模式也成为 ABC 水计划成功的支柱。首先，政府部门之间加强合作，确保该计划在内阁得到批准并获得财政部的资助。同时通过各部门之间合作使 ABC 水计划不再局限于城市美化运动，而是成为水资源可持续管理和发展的重要举措。其次，鼓励私营部门的参与。公共事业局与私营技术企业以及开发商合作进行 ABC 水计划项目的设计、融资、建设和运营，利用私营部门的专业知识共同发展 ABC 水计划。2009 年，公共事业局制定《ABC "活跃、美丽、洁净"水计划设计导则》，为私营开发商和专业人士提供设计参考。2010 年，公共事业局推出了 ABC 水计划认证项目，用于表彰在开发项目里使用 ABC 水计划理念和设计方法的公共机构和私营开发商，通过认证的项目可以使用 ABC 的标识进行宣传，证书 3 年有效，这一荣誉增加了项目的社会价值。最后，ABC 水计划的推广离不开公众的支持。公共事业局通过展览、相关杂志和电视节目等多种方式向公众推广该计划。根据不同场合制定的公关活动得到了市民一定的关注度。随着 ABC 水计划的实施，一系列的试点工程为市民提供了优美的城市生活环境、全新的社交休闲空间。因此，ABC 水计划在项目推广方面得到了越来越多的公众支持。公共事业局也积极促使更多的市民和社区活动参与 ABC 水计划，譬如鼓励学校根据 ABC 水计划开发教育课程，让孩子学习水源知识；鼓励基层组织和社区团体在 ABC 水计划基地开展各式各样的活动，使更多的市民能够亲近水体，培育主人翁意识，从而更加珍惜水资源，保持水体清洁。

案例分析——碧山—宏茂桥公园及卡尔朗河景观复兴工程

碧山—宏茂桥公园是 1998 年建于碧山和宏茂桥新镇之间的开放绿地，周边被高密度的组屋环绕，公园一侧有长 2.7km 的加冷河混凝土河道（图 1-6）。2009 年公园升级优化时决定采用 ABC 水计划设计理念，创造水体和绿化网络相织的全新社区空间。在建设过程中，公共事业局与国家公园局合作，委托德国安博戴水道景观公司（Ramboll Studio Dreiseitl）进行设计，将现存的混凝土水道改造为 3.2km 的自然化水道，并结合水道周边的绿化和娱乐设施将 63hm² 的土地重新改造成高质量的亲水休闲环境。

图 1-6 碧山—宏茂桥公园及卡尔朗河景观图

（资料来源：photo.zhulong.com）

项目的主要技术特点有：

（1）利用土壤生物工程技术（soil bioengineering techniques），对河岸进行生态修复，将植被和岩石等天然材料和工程技术相结合，稳定河岸防止水土流失，通过美学和生态考量将生硬的混凝土运河改造成拥有景观河岸的天然河流。这是第一次在新加坡城市化区域应用土壤生物工程技术，为确保技术可行还特地早期搭建试验平台来检测多种生态工法，评估在热带气候下各种技术和植物的适应性能。

（2）将生态净化群落（cleansing biotope）分布在公园上游 4 个不同高差的 15 个种植区内，水泵将水泵入生态净化群落，清洁净化后回流至河道，一部分净化水要再经过紫外线消毒处理供应给公园里的水上游乐场。生态净化群里的植物也起到进一步美化和增强公园的生物多样性的作用。

（3）利用绿色屋顶和植被洼地（green roofs and vegetated swales）。该项目的其他可持续技术手段，包括公园构筑物上的绿色屋顶和利用原混凝土排水沟址布置的植被洼地，可使雨水径流在汇入河道之前得到渗透、滞留和清洁。

2012 年，开放后的碧山—宏茂桥公园成为一个充满活力的社区空间。公园内增加了野餐和运动空间，市民可以在河道里玩水。公园内的生物多样性也增加了（图 1-6）。在暴雨情况下，水位缓慢上涨，河岸沿线土地起到储存雨水减缓雨水流失的作用。项目同时获得包括 2012 世界建筑节年度景观奖（2012 WAF Landscape of the Year）、美国风景园林师协会 2016 年度专业奖（2016 ASLA Professional Award）在内的多个奖项，更重要的是它展示了通过各个机构、公共和私人部门以及市民参与的包容性合作，创造了整体化的可持续城市景观的成功范例，显示了新加坡城市环境未来的可持续发展方向。

ABC 水计划的发展体系是一个优秀范本，我国海绵城市建设可对标新加坡，逐步建立因地制宜的发展体系。首先，体系内容应尽可能完善，兼顾城市管理、技术更新、人才培养、项目监管、公众参与等多个方面。其次，建议发展体系分为全国通用和地方定制两种模式——在管理和监督上建立全国通用体系；在技术、奖励政策和人才培养上，根据各地需求定制，继而保证实施路径正确并因地制宜。最后，鉴于中国国情，海绵城市建设涉及多个政府部门的相互配合，需要一个明确协作机制，保证各部门的无间合作关系。由此可见，完善体系的建立需要自上而下的政府推动，首先要求城市决策者意识到体系建立的重要性，而后城市管理者需要强大的执行力和专业人才支持。

1.3   海绵城市的提出

"海绵城市"的理念综合吸收了国外雨水管理的先进经验，是一种以解决城市"水问题"为目标的系统化和生态化雨水管理方法。"海绵城市"的提出引起众多学者的关注和探讨，如俞孔坚基于生态系统服务、景观安全格局理论进行探讨，徐学宗和程涛以城市水文学理论为依据进行研究，王浩主要从水利角度对海绵城市的科学内涵进行了讨论。

我国于2015年和2016年公布了共30个海绵城市建设试点城市名单，各试点城市开展了全方位的工作，海绵城市建设取得了大量的成果。无论从何种专业角度对海绵城市的内涵进行阐述，海绵城市建设都将有力促进城市的高质量和可持续发展。

第2章 海绵城市建设的理论基础

海绵城市建设是一项系统性、综合性的工作，涉及多项学科。本章主要从城市水文学、环境科学、生态学和景观生态学等学科，简要阐述了海绵城市建设的理论基础。

2.1 城市水文学

城市化建设的过程扰动了自然陆面状态，改变了水循环过程，带来两种相反的结果：（1）人类活动改善了水循环过程，使水文现象更利于人类在城市生活，如海绵城市建设、河道疏浚、生态水系建设等；（2）城市化建设打破了原来的水循环过程和格局，带来水问题，危及人类生存安全，如地面道路、广场、楼房建设带来的陆面硬化，易形成城市洪水、地下水补给受阻等。

城市水文学又称都市水文学，作为水文学的一个分支，主要研究内容包括城市化的水文效应、城市化对水文过程的影响、城市水文气象的观测实验、城市供水与排水、城市水环境、城市的防洪排涝、城市水资源、城市水文模型和水文预测以及城市水利工程经济等。

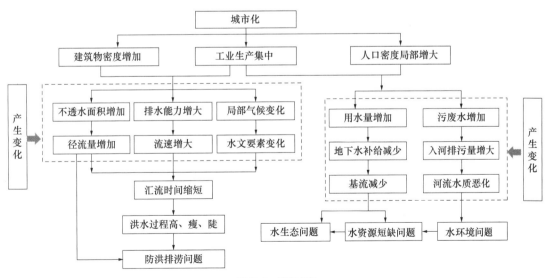

图 2-1 城市水文
（资料来源：作者自绘）

海绵城市作为一项城市水管理举措，其理念与国际上普遍采用的城市雨水管理策略一致。其解决的主要问题是城市洪涝问题，兼有解决水资源短缺、水环境污染、水生态退化等问题。作为研究城市内水文循环的学科，城市水文学是海绵城市建设的理论基础支撑之一，能在全面研究城市水循环机理和排水特征的前提下，有效支撑对城市水系统的科学管理（图2-1）。

2.1.1　城市化的水文效应研究

在城市化水文效应方面，针对城市化所引起的降雨、蒸散发、径流等水文循环要素的变化、水环境恶化与水生态退化等问题，主要利用历史观测数据、城市小流域水文气象观测实验以及分布式水文模型来进行研究。

在现代化的大城市中，"热岛效应"会引发"雨岛效应"。大城市气温高、粉尘大、空气中的凝结核多，热气上升时会引发周边郊区气流向城市汇聚的运动。上升的热气流在高空遭遇强对流的冷气团，则会形成暴雨。因此，大城市往往更容易成为暴雨袭击的中心，即城市雨岛效应。

城市化增加了地表暴雨洪水的径流量。传统的城市化使地面变成了不透水表面，这些不透水表面阻止了雨水或融雪渗入地下。降水损失、水量减少，地表持水能力减弱，导致蒸散量不减少而径流系数显著提高。不透水面积比与径流深和径流系数呈明显的正相关关系（图2-2）。

城市化使得流域地表汇流呈现坡面和管道相结合的汇流特点，降低了流域的阻尼作用，汇流速度将大大加快。水流在地表的汇流历时和滞后时间大大缩短，集流速度明显增大，使暴雨期间洪水总量、洪峰流量增大，峰现时间提前，造成排水系统的严重超载，无法及时排除雨水，形成城市积涝，见图2-3。

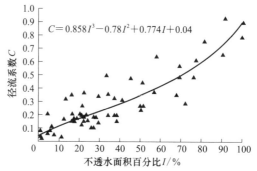

$$C = 0.858I^3 - 0.78I^2 + 0.774I + 0.04$$

图2-2　径流系数—不透水面积百分比关系

（资料来源：张建云. 城市化与城市水文学面临的问题［J］.
水利水运工程学报，2012（1）：1-4.）

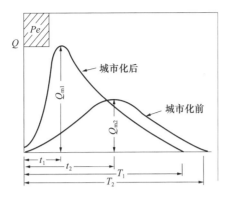

图 2-3 城市化对水文过程的影响

（资料来源：Urbonas, B., Guo, J., Tucker, S. Sizing capture volume for stormwater quality enhancement [J]. Flood Hazard News, 1989, 19(1): 1-9. ）

此外，城市发展还会对水生态环境造成剧大影响，主要在于城市生产、生活排污量激增带来的水质恶化、地面硬化、河湖衰退等引起的径流变化和生态系统退化等。城市化过程中地面硬化面积增加，地面径流流速增大，侵蚀冲刷作用明显，植被覆盖减少，对污染物的拦截和消减以及土壤的束缚作用降低，使水体泥沙沉淀物和污染物增加；城市活动导致污染物增多，生产、生活排污和降雨期间建筑垃圾、汽车尾气、大气沉降等各种污染源形成大量非点源污染，进一步加重水质恶化；城市建设对河湖湿地的任意侵占导致河流竖窄缩短、湖泊湿地面积减少，导致城市河湖湿地等生物栖息地退化、物种数量减少，乃至生态多样性受到严重影响。

2.1.2 城市产汇流理论

城市化使得大面积的耕地、林地、草地和水面等天然下垫面被建筑物和道路等替代，自然流域土地利用类型和格局均发生改变，引起下垫面土壤结构、地形地貌和水热通量明显变化，极大地影响了流域的产汇流规律。与自然流域的产汇流过程相比，城市流域的降雨时空变异性较大、下垫面构成复杂且具有很大的空间异质性，城市化水文效应对产汇流过程的改变，使城市产汇流过程具有自然流域产汇流理论所不能描述的特征，其产汇流机理目前仍处于探索阶段。

自然流域的地表产流机制，一般分为蓄满产流和超渗产流。蓄满产流一般适用于湿润地区，其土壤含水量高、蓄水容量有限，降雨首先满足土壤蓄渗后才开始产流。超渗产流一般适用于干旱、半干旱地区，其土壤含水量较低，降雨易使土壤结皮，导致渗透系数减小，降雨强度超过土壤入渗能力而形成径流。在极端降雨条件下，对于任何区域的任何土壤类型，降雨强度远远超过土壤渗透系数，均表现出超渗产流的特征。城市表面由于受到道路铺设和土壤压实等综合作用的影响，地表土壤入渗率较低，具有超渗产流的基本特征。

随着城市规划趋于科学化，大量的城市绿地景观和海绵设施的建设也会形成较多高植被覆盖率的湿润土壤，如绿色屋顶、植草沟、下凹式绿地以及各种人工湿地景观等，其在一定程度上具有蓄满产流的特征。因此，在城市产流计算中，应根据详细的土地利用和土壤属性分布数据，考虑降雨特征的时空变异性，采用与下垫面特征匹配的产流理论。

2.1.3 城市雨洪过程模拟

城市雨洪模拟是在海绵城市规划和设计中的一项关键性支撑技术，利用数值模拟技术对城市水循环过程进行模拟，可以得到城市雨洪过程中的关键状态和特征要素，对雨洪管理和利用具有指导意义。城市雨洪模拟模型一般按照汇流计算方法，分为以水文学方法为主的模型、以水动力学方法为主的模型和以地形分析技术为主的模型。城市雨洪模型产流计算一般不按模型种类区分，所有产流计算方法均可用于各种雨洪模型。

在汇流部分，以水文学方法为主的模型在坡面汇流阶段采用水文学方法进行模拟，在排水管网和河道模拟方面采用水文学方法或水动力学方法，其中水动力学方法中的动力波法能够处理城市管网水流运动中各种流态共存、有压流和无压重力流交替发生以及管网辫状、环状分布的情况，计算技术的发展使得求解完整的圣维南方程组成为可能。动力波方法较为成功的应用是 SWMM 模型中的 EXTRAN 模块，预示着城市雨水管网计算技术的成熟。水文学方法采用集总式的概念，将每个下垫面特征均一的区域当作子集水区进行模拟，具有模拟精度高、资料需求少的特点，但一般不能反映地面实际洪涝过程。

海绵城市建设要解决的根本问题是城市的水问题，这涉及与水科学相关的很多方面，而且很多问题都可以归结到城市水文方面。城市水问题的解决是一个综合性的系统工程，需要大力开展城市水文研究。在坚实的城市水文研究基础上，才能实现海绵城市科学合理的顶层设计、统筹规划、施工建设、运维管理，充分发挥工程措施和非工程措施的作用。

2.2 环境科学

环境科学是一门研究人类社会发展活动与环境演化规律之间相互作用的关系，并寻求人类社会与环境协同演化、持续发展途径与方法的科学。环境科学研究和涉及的领域广泛，是一门综合性的学科。环境科学在宏观上研究人与环境之间的相互作用、相互制约的关系，力图发现社会经济发展和环境保护之间协调的规律；环境科学在微观上研究环境中的物质在有机体内迁移、转化、蓄积的过程及其运动规律，以及对生命的影响和作用机理，尤其是人类活动造成的污染物。

海绵城市的概念重在"海绵"的涵义，主要是指城市空间范围要像海绵一样能够吸水和防水，能够对水资源进行吸收、蓄存、渗透、净化以及释放与利用的城市。海绵城市应归结为城市水环境综合整治范畴，而环境科学的研究重点之一同样是水环境的整治。因此，环境科学的水环境整治过程适用于海绵城市的全部建设过程。

2.2.1 水质改善

污染控制是改善水质的有效手段之一，主要包括两方面内容：一是源头控制。过去"末端集中"的污染治理思路对点源污染有明显效果，但是对区域性、排放途径不确定性强的面源污染却显得束手无策。因此，破解难题的关键在于借鉴"源头控制"的核心理念；二是让自然做工。过去过分依赖"灰色"工程措施，却忽视了自然本身强大的净化功能，结果投入巨额资金而收效甚微。

城乡面源污染的控制是海绵城市建设的主要任务之一。海绵城市的建设策略是优先保护和恢复自然生态系统，辅以低影响开发工程措施，保证水系的连通和水文循环的正常运转，最大限度地发挥自然基础设施对污染物的净化功能。

2.2.2 水量平衡

目前，水量平衡常用于流域上的水量调度、工业部门循环用水等项目中。在城市层面，水量平衡已逐步运用于城市水资源利用，并开始运用于指导城市景观水景设计。国务院办公厅出台《关于推进海绵城市建设的指导意见》提出的六字方针中的"渗、蓄、用、排"皆为水量平衡要素。

《海绵城市建设技术指南——低影响开发雨水系统构建（试行）》（以下简称《指南》）提出的海绵城市控制指标（年径流总量控制率）涉及的地表径流量是水量平衡输出项的四大基本要素之一。在《海绵城市建设绩效评价与考核办法（试行）》（以下简称《考核办法》）中规定地下水位、污水再生利用率、雨水资源化利用率为海绵城市建设考核指标，分别对应水量平衡中的地下水补给量、废水排放量、雨水回用量。

因此，海绵城市建设已经关注到水量平衡的定量指标和内容，但在实际操作层面缺乏进一步运用研究。海绵城市水量平衡过程如图2-4所示。与传统城市水量平衡相比，海绵城市利用各单项设施通过影响蒸发、回用、下渗等方式使城市建设对自然水量平衡过程影响最小。因而从水量平衡的角度出发，定量分析海绵城市建设对项目所在区域水量平衡的影响，可使海绵城市规划设计更具科学性。

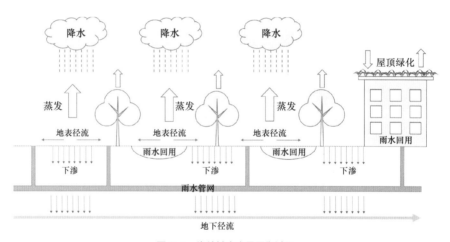

图2-4 海绵城市水量平衡过程

2.2.3 水生态平衡

水生态系统包括河流、湖泊、湿地等自然水文空间，也包括沟渠、公园绿地、人工水体景观等会对水环境造成直接或间接影响的人工区域。水生态平衡就是通过自然或人工途径，对水生态系统结构和功能进行调理，增强生态系统的整体服务功能：供给服务、调节服务、生命承载服务和文化精神服务。此外，在景观建设中遵守人与自然和谐共处原则，提升水环境景观人文性、经济性，实现水环境治理与城市经济发展、社会发展相协调。水环境治理不局限于水体本身，而是将视野扩展到水之外的环境，治理的目标是实现整个水生态系统服务功能的改善，而不是片面追求某个水体生化指标的改善。

总之，城市环境科学，尤其是水环境科学在海绵城市建设过程中的应用极其广泛。海绵城市是生态文明建设的重大举措，是系统解决我国城市水环境问题、实现环境资源协调发展的根本出路。虽然目前海绵城市建设仍处于探索试点阶段，但是其理论体系和技术标准必将在实践中不断完善和发展，未来也将为我国水环境治理提供更多的参考和借鉴。二者相互借鉴和参考，从而提升环境治理力度与效率，促进流域经济、社会、人文和谐发展。

2.3 生态学

生态学是研究生物体与其周围环境（包括非生物环境和生物环境）相互关系的科学，标志着生态学学科的正式诞生。生态学研究涉及自然和社会经济的众多方面，除生物个体、种群和生物群落外，已扩大到包括人类社会在内的多种类型生态系统的复合系统。目前的研究集中在典型生态系统碳氮水通量特征、过程机制及时空格局研究，生物入侵与生物灾害控制、生态系统服务功能评价、生态恢复、生物多样性保护、人类生态与生态健康以及生态文明等诸多方面。

2.3.1 城市生态学

城市生态学是将生态学原理应用于城市系统研究的应用生态学分支。产业生态学、人居生态学、生命支持系统生态学是当前城市生态系统研究的三大重要研究领域。

马世骏和王如松（1984）提出城市是一类以人类技术和社会行为为主导，生态代谢过程为经络，受自然生命支持系统所供养的复合生态系统。只有对城市环境、经济、社会和文化因子间复杂的人类生态关系进行综合规划及系统管理，才能维系和提高城市可持续发展能力。了解城市自然系统对城市整体的支撑与作用机制，是将生态学理论应用于城市规划与管理的基础（图 2-5）。

○自然子系统 ◇经济子系统 ◎社会子系统 ☆科学子系统

图2-5　城市社会—经济—自然复合生态系统关系示意图

（资料来源：作者改绘自：王如松，欧阳志云 . 社会—经济—自然复合生态系统与
可持续发展［J］.中国科学院院刊，2012，27（03）：337-345.）

2.3.2　城市水循环

城市水生态系统是城市生态系统的主要组成部分和关键因素，是在一定地域空间内以城市水资源为主体，以水资源的开发利用和保护为目的，并与自然和社会环境密切相关且随时空变化的动态系统。城市供水、排水等水安全问题关系到城市的发展，一旦遭遇干旱、洪水和污染，城市水循环就会被破坏，人民的生命和财产安全就会受到严重威胁。

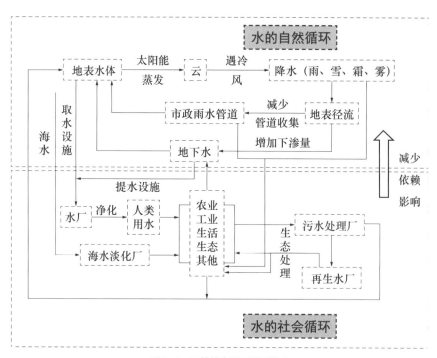

图2-6　可持续水循环利用模式

水资源循环利用系统包括自然循环和社会循环，当人类的活动参与到水的自然循环中，采取一系列的水资源开发利用行为时，水就进入了社会循环的范畴。可以说水的社会循环依赖于水的自然循环，同时也决定着水的自然循环的功能与价值。明确两者的关系，是建立水循环系统的关键。

生态的水资源循环利用方式注重多水源的统筹和合理配置，重视污水的处理和再生回用，使得排放到自然水体中的水能够满足水体的环境容量要求，从而使有限的淡水资源能够为人类可持续地利用（图2-6）。

2.3.3 海绵城市规划建设中的生态要素及作用

住房和城乡建设部印发的《指南》确定生态优先为海绵城市建设基本原则之一，并提出城市原有生态系统的保护、生态恢复和修复以及低影响开发3条建设路径，这3条路径中的生态要素均发挥重要作用。生态要素的内涵主要包括海绵城市功能的生物承担对象（如动物、植物、微生物、生态系统等）和功能发挥的生态机理（雨洪控制机理、污染削减机理）。

（1）原有生态系统的保护

最大限度地保护原有的河流、湖泊、湿地、坑塘、沟渠等水生态敏感区，留有足够涵养水源，应对较大强度降雨的林地、草地、湖泊、湿地，维持城市开发前的自然水文特征。《指南》将原有生态系统的保护作为海绵城市建设的首要路径，充分表明自然生态系统在区域生态水文稳定性保持中的主导作用。该路径涉及城市及周边各类自然生态系统，特别是城市开发建设过程中保留的自然生态斑块，属于生态空间层面的建设路径。

（2）生态恢复和修复

对传统粗放式城市建设模式下已经受到破坏的水体和其他自然环境，运用生态的手段进行恢复和修复，并维持一定比例的生态空间。生态恢复和修复的内涵，除了对于受损生态系统的修复以外，还应包括人工生态系统的"近自然"改造问题。该路径主要涉及城乡各类自然或人工生态系统的各类生态服务功能的提升与恢复，属于生态功能层面（恢复）的建设路径（图2-7）。

（3）低影响开发

合理控制开发强度，在城市中保留足够的生态用地，控制城市不透水面积比例，最大限度地减少对城市原有水生态环境的破坏。同时，根据需求适当开挖河湖沟渠，增加水域面积，促进雨水的积存、渗透和净化。以自然生态的方式，实行"渗、滞、蓄、净、用、排"六位一体的海绵城市建设措施。该路径包括植草沟、下沉式绿地等措施的应用，属于城市开发建设用地中碎片化的生态理念运用，同时水域空间的开挖涉及人工生态系统建设，同样属于生态功能层面的建设路径。

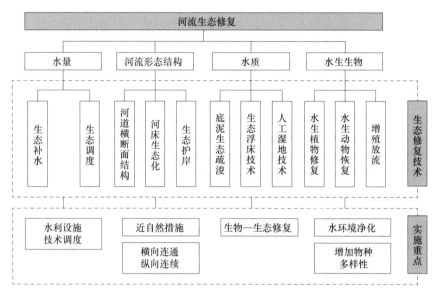

图2-7　河流生态修复建设路径

2.4　景观生态学

2.4.1　景观生态学的主要内容

景观生态学是研究景观单元的类型组成、空间格局及其与生态学过程相互作用的综合性学科，其研究对象和内容可概括为3个基本方面：（1）景观结构，即景观组成单元的类型、多样性及其空间关系；（2）景观功能，即景观结构与生态学过程的相互作用，或景观结构单元之间的相互作用；（3）景观动态，即指景观在结构和功能方面随时间推移发生的变化。景观的结构、功能和动态是相互依赖、相互作用的。与其他生态学学科相比，景观生态学明确强调空间异质性、等级结构（hierarchical structure）和尺度（scale）在研究生态学格局和过程中的重要性。而人类活动对生态学系统的影响，也是景观生态学研究的一个重要方面。

景观生态学起源于欧洲，关注的重点从土地利用规划和设计逐渐扩展到资源开发与管理、生物多样性保护等领域，理论上强调景观的多功能性、综合整体性、景观与文化的协同，并提出了整体性景观生态学的概念框架。北美的景观生态学在欧洲的影响下，从 20 世纪 80 年代初开始发展，并逐渐形成注重数量化和模型建设以及自然景观研究的特色。尽管欧洲和北美两大学派在发展过程中由于所关注的对象、解决问题的方法等方面的差异而表现出鲜明的个性，但是二者也在不断地相互影响、相互渗透，推动着景观生态学学科体系的不断发展和完善。

从研究内容上看，景观生态评价、规划和模拟一直占据主导地位，其次是景观格局、生态过程和尺度、景观生态保护与生态恢复。随着景观生态学研究的深入，以科学和实践问题为导向的学科交叉与融合不断加强，促进了景观生态学新的学科生长点的形成和发展，主要包括水域景观生态学、景观遗传学、多功能景观研究、景观综合模拟、景观生态学与可持续性科学五个方面。

中国景观生态学研究从基本概念引入、发展壮大，到逐渐成熟，历时 30 余年。在这个发展历程中，中国学者结合中国国情在跟踪国际研究前沿的同时，开展了许多具有特色的工作，其重点领域与特色主要表现为：土地利用格局与生态过程及尺度效应、城市景观演变的环境效应与景观安全格局构建、景观生态规划与自然保护区网络优化、干扰森林景观动态模拟与生态系统管理、绿洲景观演变与生态水文过程、景观破碎化与物种遗传多样性、多水塘系统与湿地景观格局设计、稻—鸭／鱼农田景观与生态系统健康、梯田文化景观与多功能景观维持、源汇景观格局分析与水土流失危险评价等十大方面。

2.4.2 景观生态学的基本原理

1. 理论核心——格局、过程与尺度

格局、过程与尺度是景观生态学的理论核心。景观格局与生态过程之间的紧密联系是景观生态学最基本的理论前提。格局与过程的关系在某个确定的尺度上是一对多的关系，格局、过程基本原理研究的对象是具体问题，探究其关联性及其对尺度的依赖性。现实的景观生态学研究中，格局与过程是不可分割的客观存在，而研究中为了使问题简化，往往侧重于景观格局及其动态分析（图 2-8）。

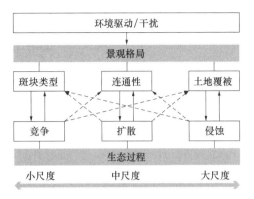

图 2-8 格局与过程的跨尺度相互关联作用

2. 格局与分析要素——斑块、廊道、基质

斑块、廊道、基质是景观生态学分析的常见要素（图 2-9）。景观作为一个有机整体具有其组成单元所没有的特性。斑块是景观格局的基本组成单元。干扰、环境资源的异质性以及认为引进都可能产生生物斑块，最终形成斑块中多种多样的物种动态、稳定性和周转格局。廊道是线性的景观要素，具有连通和分隔的双重作用，其结构特性能够对一个景观的生态过程产生影响。廊道在首末点、宽度、长度、连通性等方面会对景观带生态过程带来不同程度的影响。基质通常是面积比例最大、连续成片的景观要素，在景观生态功能上起重要作用，往往以环绕或半环绕的边界将其他要素围合起来。基质能够控制整体景观的动态变化过程。

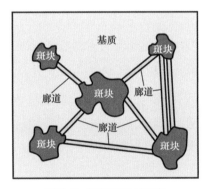

图 2-9 景观格局构成要素

2.4.3 景观生态学在海绵城市建设中的应用

海绵城市建设体现着景观生态学中格局与过程研究的关系，我国各尺度的土地利用和景观格局变化均由规划主导。景观生态学中格局与过程的研究能够剖析土地利用和景观格局变化对生态环境问题的影响，因

此，城市景观格局演变及其生态环境效应正在成为全社会关注的热点（图 2-10）。其中，城市景观格局演变的水文研究主要集中在城市土地利用／覆被变化对径流量、径流历时及最大洪峰等水文指标的影响，土地利用、土地覆被格局对城市暴雨洪水过程的影响等，但对城市规划开发后，特别是海绵城市规划设计、低影响开发设计使用引起的景观格局变化对城市水文过程的影响关注较少。

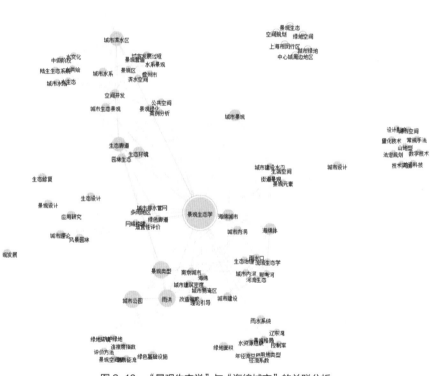

图 2-10 "景观生态学"与"海绵城市"的关联分析

1. 水生态分析

（1）空间尺度

水域作为景观生态学的研究对象之一，是一种泛地域尺度的概念。空间尺度按照大小来分，可分为大、中、小三种地域尺度（图 2-11）。第一种是小尺度的河流，一般由河道、堤防和河畔植被带组成，涉及面域较窄，但公共参与性极高；第二种是中尺度河网，在整个市域的基础上，研究城市水系的景观格局和生态景观效果等，主要用于构建景观生态格局。从景观水平上来分，又分为市区和郊区两大部分；第三种是大尺度的流域，通过土地利用变化格局来研究流域体系下的水土流失、人为干扰因素造成的生态失衡情况，是一种区域景观综合规划。

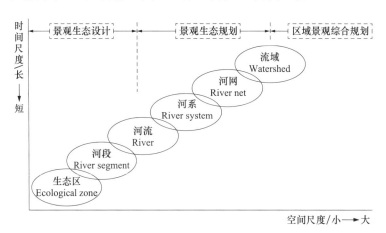

图2-11　景观生态学的空间尺度

（2）景观异质性和景观格局

景观异质性指景观要素的组成在空间构成上的变异性和复杂性，景观要素包括不均匀分布的基质、廊道和斑块。景观异质性决定着水生态系统的稳定性、抗干扰能力、自我修复能力，甚至影响着生物多样性，控制着景观的功能和生态系统的动态过程。景观格局是景观异质性的空间载体，其通过配置形状大小不一的景观斑块达到河流廊道生态过程的综合反应。因此，景观格局体现着景观异质性，景观异质性反过来影响着景观格局的形态。在水生态系统中，可以运用"斑块—廊道—基质"的基本原理，研究不同演绎阶段，以及不同类型的斑块、廊道和基质在时空上相互作用的关系。

（3）景观连接度

景观连接度指在景观空间中以结构与功能为单元，其相互之间连续性的度量。景观连接度的水平可以直接体现出不同生物栖息地之间的生物群体之间的相互作用。因此，我们可以通过增加或减少生态廊道的数量或者改进其效益水平来实现生物多样性的保护。廊道是景观连接度的一种具体表现形式，它对于破碎景观中建立生物栖息地和保护物种方面有着重要的作用，不同廊道的组成和质量对于不同生物群体的影响也不同。因此，水生态的修复与更新需要建立多样化的河流生态廊道，将廊道多处孤立的景观元素连接起来形成一种稳定的线性结构，对于处于孤立斑块间的物种的生存迁徙、觅食及物种延续都有着非常重要的作用。

2. 水生态安全格局构建

水生态安全格局的理论基础与研究基于生态安全格局的发展。生态安全格局的提出最早见于 1995 年,是基于景观生态学理论提出的,被定义为维护生态过程安全的关键格局,并初步应用于城市空间发展预景、禁建区和绿地系统构建以及城市风貌规划等方面。借鉴生态安全格局的研究视角,水生态安全格局的研究着重解决城市化引起的水问题。水生态安全格局是指以解决区域水资源、水环境与水灾害等重点水安全问题作为导向,从区域景观格局优化与调控以及土地资源优化配置等途径入手,保障区域水安全目标的空间规划策略。从本质上看,构建水生态安全格局强调在一定程度上满足社会经济发展与人类健康生存对水资源的需求,从可持续发展的长远目标出发,着眼于在一定时间内重构水资源的可持续利用状态。其目的就是在现实情况下约束城市空间发展,优先处理好人与自然的"人水相亲、自然和谐"的关系,这种关系具体体现在社会经济可持续发展和城市水生态系统持续健康的关系上。

在我国,生态安全格局被认为是实现区域或城市生态安全的基本保障和重要途径。20 世纪 80 年代以来蓬勃发展的景观生态学为生态安全格局提供了新的理论基础和方法,包括"最优景观格局""景观安全格局(landscape security pattern)"和"生态安全格局(ecological security pattern)"等。我国学者提出的"景观安全格局"和"生态安全格局"理论已在不同尺度、不同区域的关键生态地段的辨识和生态安全格局的构建中得到广泛应用。水作为城市重要的生态因子,它与城市的健康可持续发展密切相关。研究以水为要素的城市生态安全格局,已成为改善城市生态环境的新切入点。王宁等在分析我国城市水系存在问题的基础上,结合厦门市后溪流域污染综合整治规划实践,以水污染防治规划为主,初步探讨构建后溪流域生态安全格局的措施,以期为我国东部沿海经济较发达地区的城市水环境治理提供借鉴。2005 年,俞孔坚等学者在《"反规划"途径》一书中首次将水安全格局作为生态安全格局的一项研究。之后于 2009 年在《区域生态安全格局:北京案例》一书中又将综合水安全格局作为生态安全格局的其中一项研究,并运用 GIS 分析技术,利用径流模拟和数字高程模型对洪水、地表径流等过程进行分析和模拟,留出可用于调节、蓄滞的湿地和河道缓冲区,满足洪水自然入渗与倾泻,通过选取一些具有关键意义的区域并进行控制,构建洪水安全格局和雨水安全格局(图 2-12)。

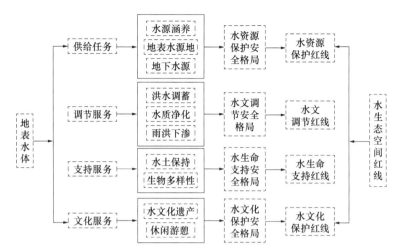

图 2-12 水生态安全格局构建

（资料来源：作者改绘自：俞孔坚，等．水生态空间红线概念、划定方法及实证研究［J］．
生态学报，2019，39（16）：5911-5921．）

第3章　海绵城市建设的生态格局

在海绵城市的认识上，厦门走过了3个历程：先是以源头减排为重点，再是以问题导向为核心，然后深刻认识到生态格局构建及空间管控的重要性，由细枝溯至本源，从碎片式小海绵建设转变为系统化大、中、小海绵成体系的管控与建设。

生态格局的顶层设计，是基于城市自然本底中山水脉络的宏观勾勒，以及对山、水、林、田、湖等生态要素的细部识别，紧密结合城市防灾韧性对生态屏障的基本需求，通过保留、修复、拓宽、连通、增补等手法重新构建生态格局，并进一步定桩定界，合理划定生态保护红线、永久基本农田、城镇开发边界以及蓝线绿线，将生态空间管控具象化、法定化。

城市空间的多维融合则是以水为纽带，以城为载体，横向统筹协调相关专项规划，落实海绵空间属性，做到在城市地上、地下三维空间内的有机协调，并从近远期的时间维度统筹建设时序，实现时空多维度的全面融合。

3.1　生态格局顶层设计

3.1.1　山水脉络梳理

自古以来，城市的山水脉络是一座城市的灵魂，决定着这座城的经济发展与文化繁衍。随着城市的高速发展，建设面积迅速扩张，部分山、水受到蚕食，相伴而来的是洪涝、干旱、水脏、滑坡、水土流失等自然问题。这表明人与自然和谐相处的第一步，应是厘清山水本底，该修复的要修复，该保护的要保护，要在保护自然本底、弘扬山水特色的基础上发展城市，才能够真正实现人与自然和谐共生。

厦门的山水脉络十分独特，由厦门岛、鼓浪屿及内陆沿海地区组成，环山面海，属"山地—平原—海湾"的过渡区域，总体地势由西北向东南倾斜，西北部是山体，中部是冲洪积平原。厦门岛以筼筜湖和五缘湾为界，形成了南高北低的地貌景观，南部山势陡峭，北部丘陵坡缓，狐尾山—仙洞山—圆山为主体构成主要分水岭，山前台地、阶地、小型冲沟发育。西北部的大陆沿海地区有杏林湾和马銮湾切入其中，南面为九龙江口，形成集美、杏林、海沧三个半岛，北部同安三面环山，一面临海。

厦门不仅地势起伏，而且水系丰富。境内河流均属独流入海的山溪性河流，无过境河流，水系分散，源短流急，大部分径流直接宣泄入海。岛外流域面积 10km² 以上的现状溪流共有 9 条，总流域面积 1028km²，从东往西分布有九溪、龙东溪、东西溪、埭头溪、官浔溪、后溪、瑶山溪、深青溪、过芸溪等。岛内流域面积大于 10km² 的较大水系为筼筜湖、湖边水库和鼻子沟，其余地区均依地势就近分散入海。岛外地区从东往西分布有翔安南部港汊、东坑湾、下潭尾湾、杏林湾、马銮湾等大小海湾，海岸线总长约 165km（图 3-1）。

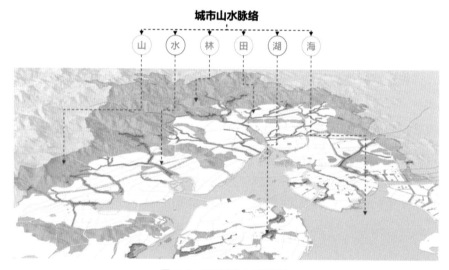

图 3-1　厦门城市山水脉络图

纵观厦门天然的山水脉络，呈"一水绕流，九脉通海"的基本格局，由山体、溪流、林地、田地、湿地、水库等不同的自然纹理元素将整体城市空间组团化，水在山间绕，风从林间过，构成了得天独厚的生态廊道与山水基底，形成了独具特色的山水微地形格局，这便是厦门成为一座高颜值生态花园之城的重要自然载体。

3.1.2　生态要素识别

在空间层面上，厦门的自然生态要素可分为山、水、林、田、湖等。各生态要素既是中微观生态系统的环境基础，也是宏观生态格局的重要组成，与城市的生活与生产息息相关。识别提取各生态要素，是落实其空间管控的前提条件。

1. 山

基于 GIS 信息数据库统计技术，按照地形高程 0～5m、5～50m、50～200m、200～500m 和大于 500m 的分级标准，将厦门市划分为平原、台地、岗地与低丘陵、高丘陵和低山五种地貌类型。其中，将地面坡度 15° 以上区域划定为山体。经识别，厦门的主要山体分布于本岛万石山、海沧蔡尖尾山以及集美、同安、翔安北部山群，共 823.62km² （图 3-2）。

2. 水

识别厦门的"水"元素主要包括河流水面和坑塘水面。其中，河流水面主要包括岛外过芸溪、深青溪、瑶山溪、后溪、官浔溪、埭头溪、东西溪、龙东溪、九溪、港汊水系等岛外水系的主流和支流，以及 97 座现状水库，面积共计 22.05km²。坑塘水面为各区零散分布的小型水体，现状面积 27.96km²。这些坑塘水面，作为城市重要生态斑块，充分结合地形竖向，可承担水质净化、城市滞涝的功能（图 3-3）。

图 3-2 厦门市现状山体分布图　　图 3-3 厦门市现状水面分布图

3. 林

厦门市现状林地面积 701.78km²，与山体分布基本重合。建档林地面积为 667.4km²，其中同安区占 386.8km²，占 58%。非规划造林地指未建档但已纳入森林覆盖率的、非林业部门管理的城市绿地，该面积为 34.38km²，其中海沧区占 14.38km²。具体分布如图 3-4 所示。

4. 田

厦门市现状农田包括旱地和水田，总面积为 129.68km²。其中，旱地面积 17.48km²，水田面积 112.2km²。结合市级土地利用规划调整完善和城市开发边界划定试点工作，目前厦门市已划定 95.6km² 基本农田（图 3-5）。

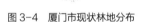

图 3-4 厦门市现状林地分布 图 3-5 厦门市现状农田分布

5. 湖

厦门市现状湖区主要位于本岛，包括五缘湾、湖边水库和筼筜湖，为本岛重点生态区，水体现状总面积为 4.48km²。其中，五缘湾、筼筜湖为咸水湖；湖边水库为淡水湖，面积约 0.84km²（图 3-6）。

图 3-6 厦门市现状湖面分布

上述山、水、林、田、湖等生态要素相互依托融合，以中微观的局部生态网络的形式充实于宏观的山水脉络之间，形成了厦门丰富多样的生态基底。除了保留现状生态要素，还需要进一步结合城市防灾减灾及未来发展需求，恢复和修复重要节点、廊道的生态要素。

3.1.3 防灾需求解析

为了探索快速城镇化影响下厦门这个滨海城市的孕灾环境的演变特征，基于遥感、GIS 及物联网等多元数据技术，识别出了滨海城市典型孕灾环境和致灾因子，总结出极端气候的致灾源、灾害链的特点，发现了滨海用地布局改变与台风、暴雨、洪涝等灾害破坏特征及时空分布规律。

（1）基于遥感与 GIS 技术的厦门土地利用变化及空间蔓延分析，厦门自 1990 年起城市空间快速蔓延，对城市周围耕地、林地、草地、水域等用地占用明显，同时厦门滨海环境、用地布局等也由于填海造地工程而受到改变（图 3-7）。由于人地关系失调、城镇无序扩张和开发建设失控等负面作用易诱发典型气候灾害，且伴随全球变暖导致气候异常，台风产生频率增高，同时引发多种次生灾害。在台风、内涝形成机理中，厦门快速城镇化由于城市空间蔓延和高密建设，对灾害系统中孕灾环境的影响最为明显。

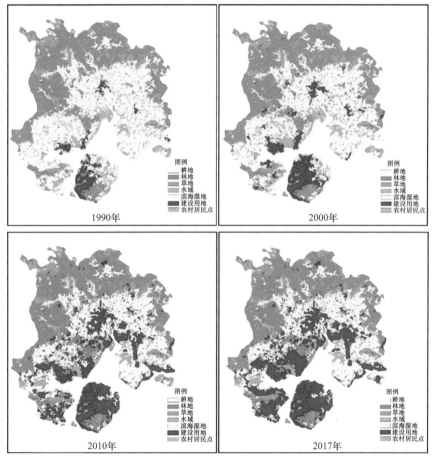

图 3-7　1990—2017 年厦门土地利用变化
（资料来源：程丽颖. 快速城镇化背景下厦门暴雨内涝形成机理及规划防控研究［D］.
天津：天津大学，2017.）

（2）随土地利用变化厦门地表产流高值区整体呈现扩散趋势，且与城市建设用地空间分布呈现一致性。同时，随土地利用变化，厦门地表径流总量呈现增长趋势，且地表产流系数随降雨强度增大而增大，土地自然调蓄能力有限（图3-8）。

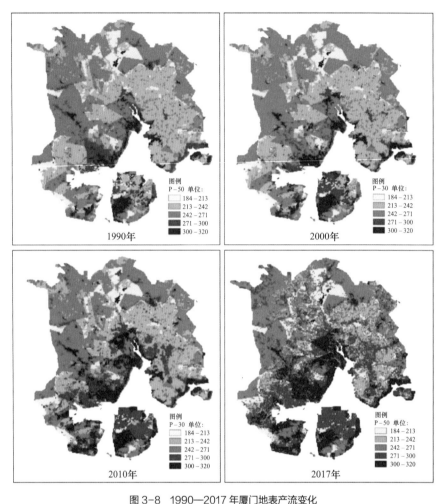

图3-8 1990—2017年厦门地表产流变化
（资料来源：程丽颖. 快速城镇化背景下厦门暴雨内涝形成机理及规划防控研究［D］.
天津：天津大学，2017.）

（3）随着1990—2017年城市建设用地增加，中、高风险区域共增加面积为54%，农村居民点所占淹没区比例也呈现较为明显的增加趋势。易涝区内城市建设用地增多，反映出过去近30年的快速城镇化建设中，城市规划选址中暴雨内涝灾害淹没区的避让体现较少。

为进一步识别洪涝、台风等灾害与空间地理格局之间的耦合关系，运用了多元数据技术，解析城镇化时空演化与典型衍生灾害发生的内在规律。

（1）通过GIS与厦门DEM高程、建筑密度等要素进行叠加及表面积计算功能结合，辨识了集美杏林湾、翔安东坑湾等河流入海口密集建设区域属于高风险内涝淹没范围，该区域的城镇化建设需在行泄通道、滞涝区域等方面留足空间，才能保障区域排水安全（图3-9）。

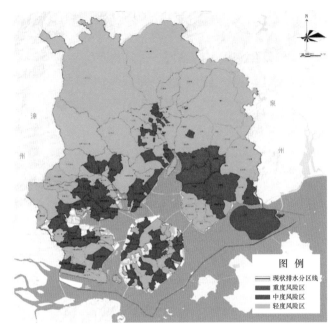

图3-9　厦门内涝风险区划图

（2）基于WRF与ANSYS Fluent技术，开展闽三角地区多尺度的台风风险评价，并对厦门鼓浪屿等典型历史区域进行了风环境模拟识别与缓减台风灾害研究。研究表明，山体屏障及合理的风廊引导对削弱台风灾害有明显作用（图3-10）。

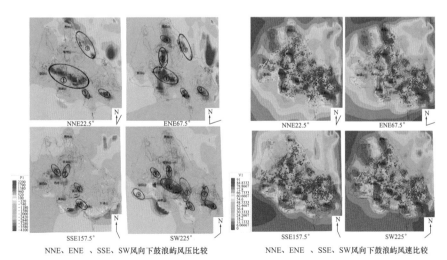

图3-10　厦门鼓浪屿风荷载模拟与灾害识别
（资料来源：程丽颖. 福建沿海部分历史文化街区缓减台风灾害措施研究［D］.
天津：天津大学，2017.）

基于上述城镇化发展程度、城市地理空间格局与洪涝、台风等灾害之间的内在规律研究，可以看出，生态安全格局是城市应对洪涝、台风等灾害的重要屏障，而高速城镇化发展已经在一定程度上改变了生态本底，大量城市下垫面被硬化，大大增加了地表产流，导致洪涝灾害频现。因此，以保护和修复生态要素为手段，重新构建完善的生态安全格局，是海绵城市建设在顶层设计中的首要任务。

3.1.4 生态格局构建

厦门从全市、闽三角城市群生态安全格局角度出发，依托现状山体、溪流、海岸形成"点、线、面"结合的基本生态格局，通过梳山水、留绿轴、通风廊、存洼地，建立严格的基本生态控制线，构建"山、水、林、田、湖"相融共生的自然生态空间格局（图3-11）。

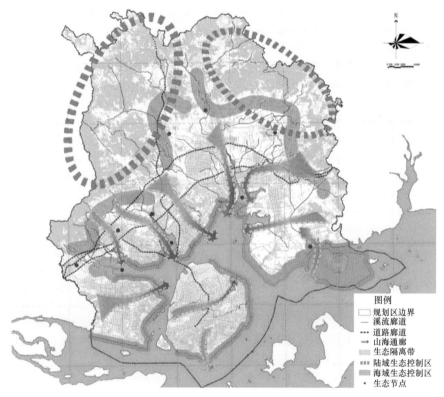

图 3-11 厦门市自然生态空间格局图

1. 重要海绵体——点

重要生态节点是对区域自然生态系统的稳定性和连通性具有重要意义的关键点，节点状况的改变将显著影响区域自然生态体系的结构或生态过程。重要生态节点一般可分为两种：重要生态廊道的交汇点和生态敏感点。这些节点往往承担维护生态过程连续性的关键作用，例如马銮湾、杏林湾、同安湾、九溪入海口处、东孚镇、灌口镇、后溪镇、莲花镇、汀溪镇和新圩镇，这些重要生态节点多处于不同生态系统、生态控制区的连接处，对联系不同景观斑块，维持生态功能和生态过程的连续性等方面具有重要作用。

（1）四处生态湾区节点

对马銮湾、杏林湾、同安湾、九溪入海口处实施湾区环境保护和生态恢复治理工作，明确岸线、滩涂等生态资源的边界，将其纳入生态控制区并予以严格管控。同时，湾区沿岸设置不小于 50 m 的缓冲带，完善沿岸防护林体系建设，并加强沿岸生活污染和工业污染的排放监管，严格控制入湾污染物总量。

（2）六个生态镇节点

加强东孚镇、灌口镇、后溪镇、莲花镇、汀溪镇和新圩镇六个重点城镇的生态保护，严格依据生态镇创建的有关指标做好生态环境的建设和治理工作。第一，开展地表水环境质量的治理工作，在规划期内保证地表水环境质量达到环境功能区的要求；第二，加强对重点工业污染源的监管，保障重点工业污染源达标排放率 100%；第三，加强绿化建设工作，实现人均公园绿地面积不小于 $11m^2$，主要道路绿化普及率不小于 95%，镇区内森林覆盖率不低于 18%，其中平原区、丘陵区的森林覆盖率不低于 45%。

2. 重要海绵体——线

生态廊道是一种联系结构性控制区和斑块的线状或带状斑块区域，具有保护生物多样性、过滤或阻抑物质、防止水土流失、调控洪水等生态服务功能，是支撑生态体系运作的重要一环。由于人类活动的剧烈影响，厦门市域的生态廊道多为人工廊道和自然—人工复合廊道，主要包括溪流生态廊道、山体生态廊道、滨海生态廊道等。人工廊道的建设需要考虑增加自然的成分，如增加或增宽沿道路绿化林带，或者建造生物涵洞，形成自然—人工生态廊道，提高生态系统连通性，降低其对生态系统的干扰。溪流型生态廊道侧重岸线保护和沿岸缓冲区构建，维持复杂多样的河流形态不仅为水生生物提供了丰富多样的生境，而且也有利于抗击多样化的自然灾害和环境污染。

（1）溪流生态廊道

厦门岛外地区背山面海，水系发达，溪流众多，呈树枝状分布，多发源于市域内北部山体，分散独流入海，流域面积较小。溪流水系总流域面积1038km²，占全市陆域面积的61%。

依托现状溪流走向，构建10条溪流生态廊道，包括过芸溪、瑶山溪、后溪、深青溪、东西溪、官浔溪、埭头溪、龙东溪、九溪以及东坑湾至南部港汊景观水系等，并针对性地开展溪流综合整治，恢复溪流生境保育、生物多样性维持、污染物质过滤和景观建设的作用（图3-12）。

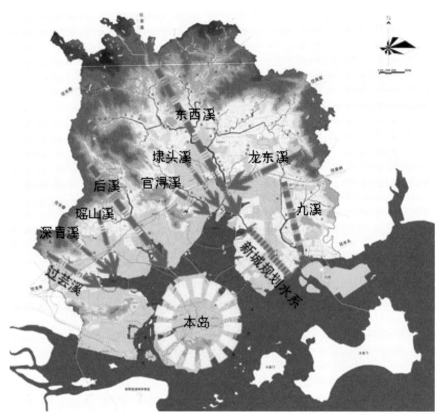

图3-12 溪流生态廊道示意图

（2）山体生态廊道

山体生态廊道的建设可以帮助城市绿地系统形成有效的网络，从而显著提高其生态功能，改变城市中出现的自然环境丧失、生物多样性降低和环境恶化的情况，改善城市的热岛效应，促进市域生态空间保护体系的形成，构建一个并敞的复合生态系统，实现能量和物质的平衡和交换，以此维持与发展城市生态的良性循环（图3-13）。

厦门的山体生态通廊分环、纵两部分，一部分由云顶山、尖山、仙灵棋山与大帽山所构成的山脊线，环抱整体厦门城市空间，形成城市绿色生态环境背景；另一部分由蔡尖尾山、天马山、大西山、郭山、香山

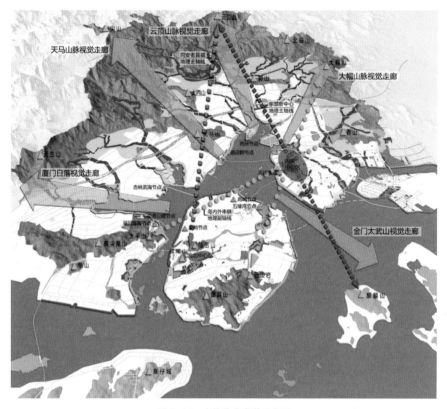

图 3-13 山体生态廊道示意图

等分支余脉，构成城市空间中的景观生态绿斑块。山体生态廊道的保育，一方面采用借景手法，依托山体背景，注重植物群落作为原生植被群落延伸段的特殊地位，重点使用组成原始植物群落的诸多乡土树种，构建富有生态、野趣、近自然特色的风景，植物群落配置采用近自然模式，与自然地貌协调；另一方面通过城市建筑高度的控制，以确保主要的地景视觉走廊的可视性，特别保护山体至高点对周边景观形成突出的景观地标效果。

（3）滨海生态廊道

厦门市滨海区域丰富的自然资源和人文资源，在很大程度上确定了厦门城市性质和功能定位。厦门环海湾具有优良的港口、独特的滨海自然景观、丰富的土地资源、优越的文化资源，这些资源是厦门成为区域性中心城市，发展成区域性物流中心、商务中心、旅游中心，建设滨水人居城市的基础。由于城市规模的不断扩大导致滨海区域的生态环境正逐渐恶化，当前的主要任务为保护珍稀海洋生物的生境、改善海域水质以及保存滨海景观。通过以环境保护为目标的生态适宜性分析，厦门市滨海生态廊道由 3 部分组成（图 3-14）。

图 3-14 滨海生态廊道示意图

生态重建岸线：该岸线大多位于高度城市化区域（沿岸人口密度最高），其滨海生态环境在经济发展的长期影响下一直呈现恶化趋势。该岸线所在区域的经济发展主要表现为产业结构重新调整，发展资源消耗低的先进产业（旅游、居住、高新技术产业等），同时改善滨海生态环境，尤其是改善近岸海域水质状况。这类岸线的总体发展方向是由"生产型"岸线向"服务型"岸线逐渐转变。

生态缓冲岸线：该岸线经济开发程度低于生态重建岸线。近岸海域生态环境稍好，最主要的环境问题是海水水质较差。沿岸具有丰富的滨海景观，区内分布着少数珍稀海洋生物核心保护区和外围保护区。该类岸线的区域生态环境特征决定了其发展规划应强调加快区域的涉海开发，同时协调经济发展与环境保护的关系。

生态保育岸线：这类岸线的滨海生态环境良好。近岸海域水质较好，目前城市化程度最低（沿岸人口密度低），近岸海域的珍稀海洋生物物种丰富，物种核心保护区分布集中。区域内包括重要生态景观、水土保持和水源涵养区。在此岸线区域范围内，维护区域生态安全、保护生态景观、物种多样性、湿地、历史文物遗迹是主要发展目标之一，生态保护总体上要优先于社会经济发展。

3. 重要海绵体——面

厦门依托背山面海的自然格局，将山体、丘陵、溪流、湖库、公园、海岸等点、线相互连结，形成由多组山海连接廊道作为核心骨架的全域生态网络，打造陆域绿色"森林"生态屏障和沿海蓝色"海洋"生态屏障，构建"山、海、城"相融共生的空间格局，充分发挥了生态效益的叠加效应，将各生态要素所具有的环境保育功能通过连片而放大，形成稳固有效的海绵城市安全生态格局（图 3-15）。

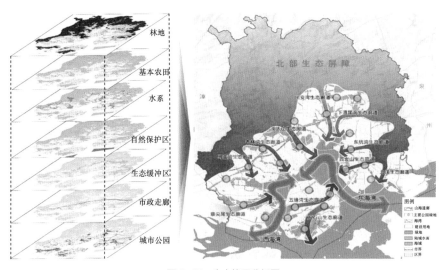

图 3-15 生态格局分析图

其中，陆地绿色"森林"生态屏障由厦门市北部低山丘陵地带构成，包括一系列森林公园、风景（名胜）区和山体保护林地。沿海蓝色"海洋"生态屏障主要指厦门辖区内的沿海湿地、岸线和海域。以这两个生态屏障作为厦门辖区内的生态控制基础，可划为"两片、四区"两级生态控制区：两片分别为北部低山丘陵森林一级生态控制区和南部近岸海域一级生态控制区；四区分别为海沧"文圃山—大坪山"二级生态控制区、厦门本岛"五老峰—云顶岩"二级生态控制区、集美"天马山—虎路尾山"二级生态控制区和翔安香山二级生态控制区。

陆域两级生态控制区主要由各种山体保护林地、生态公益林、森林公园、风景名胜区等组成，是区域自然生态系统的保留地、物种的避难所，具备区域生态流通的源和汇功能，作为城市的"绿肺"，也起到环境缓冲器和调节阀的作用。通过陆域两级生态控制区的保护和建设，减少生态斑块分割和人类干扰，提高林地覆盖率，提升林地质量，增强区域在水源涵养、水土保持、大气调节、生物多样性保护、典型生态系统保育等方面的重要生态功能。南部近岸海域一级生态控制区包含厦门市所管辖的全部海域，约390km²，主要由厦门市珍稀海洋物种国家级自然保护区、一般海域和沿海湿地（潮间带）组成。

3.1.5 生态空间管控

1."三线"划定

在山、水、林、田、湖识别的基础上，坚持生态优先、生态高效宜居适度原则，划定生态保护红线、永久基本农田及城镇开发边界，以此为抓手，严格保护厦门的生态空间与农业空间，严格控制城镇空间（图3-16）。

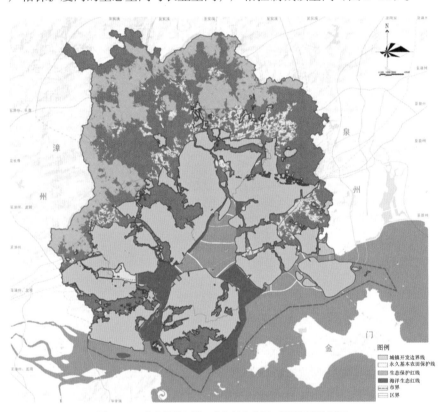

图3-16 生态保护红线、永久基本农田、城镇开发边界图

（1）生态保护红线

在全域划定生态保护红线，其中陆域生态保护红线240.4km²，海洋生态保护红线96.48km²。

① 陆域生态保护红线

陆域生态保护红线包括水源保护区、水土保持区、生物多样性维护区等陆地重点生态功能区和水土流失敏感区等陆地生态敏感脆弱区。陆域生态保护红线原则上按禁止开发区域的要求进行管理，加快推进陆域生态保护红线范围内地区的生态移民。按照规划开展维护、修复和提升生态功能的活动，严禁不符合主体功能定位的各类开发活动，严禁任意改变用途，严禁任何单位和个人擅自占用和改变用地性质，确保性质不转换、功能不降低、面积不减少、责任不改变。因国家重大基础设施、重大民生保障项目建设等需要调整的，由省级政府组织论证，提出调整方案，经环境保护部、国家发展改革委会同有关部门提出审核意见后，报国务院批准。

②海域生态保护红线

海洋生态保护红线包括8个海洋保护区、1个海洋自然景观与历史文化遗迹生态区、2个重要自然岸线及沙源保护海域、1个红树林生态保护红线区。按管控级别不同，划分为7个禁止类、5个限制类海洋生态保护红线。

禁止类海洋生态保护红线内，禁止实施改变自然生态条件的生产活动和任何损害海洋生态的开发建设活动。诸如限制类海洋生态保护红线内，严格控制围填海，禁止非法侵占岸线和采挖海砂；控制入海污染物排放，严格限制新设陆源入海直排口；控制陆源和海上垃圾丢弃入海，并建立有效治理机制；对已受损且具有重要生态功能的区域，实施生态整治或修复措施，恢复其原有生态功能。确需在限制类海洋生态保护红线区内（包括大陆及海岛自然岸线）进行渔业及其执法码头、道路交通、航道锚地、海底管线、能源等公益或公共基础设施建设的，要经严格科学论证并经相关主管部门审批后实施。

（2）永久基本农田

严格划定永久基本农田。厦门2020年的永久基本农田划定面积为10.33万亩，2035年将落实国家、省安排的永久基本农田指标，通过落实最严格的耕地保护制度，坚守耕地规模底线，加强耕地质量建设，强化耕地生态功能，实现耕地数量、质量、生态三位一体保护。

对于永久基本农田，任何单位和个人不得擅自占用或擅自改变用途。除法律规定的能源、交通、水利、军事设施等国家重点建设项目选址无法避让的以外，其他任何建设行为均不得占用。符合法定条件的，需占用和改变的，必须经过可行性论证，确实难以避让的，应当将土地利用总体规划调整方案和永久基本农田补划方案一并报国务院批准，及时补划数量相等、质量相当的永久基本农田。

（3）城镇开发边界

至 2035 年，厦门划定城镇开发边界 674km^2。城镇开发边界以内，各项城市建设应符合国土空间规划确定的空间结构、主导功能及各项强制性内容要求。严格控制城镇开发边界以外新增建设项目，除符合规划的交通和市政基础设施项目、公共设施项目、村庄建设项目和"点状供地"项目，城镇开发边界外不再做出"建设用地规划许可"和"建设工程规划许可"。在城镇开发边界以外，预留 10km^2 建设用地指标，待具体建设项目规划选址及方案确定后以"点状供地"方式予以落地。具体供地以分区为单位，按 1：1 的比例与城镇开发边界以外现状建设用地清退"增减挂钩"，且"点状供地"项目不得侵占生态保护红线和永久基本农田。

2. 蓝绿空间保护

在生态保护红线、永久基本农田、城镇开发边界三线划定的基础上，厦门通过蓝线、绿线划定与管控，进一步细化了对城市蓝绿空间的保护。

（1）城市蓝线划定及管控要求

将过芸溪、瑶山溪、深青溪、后溪、官浔溪、埭头溪、东西溪、龙东溪、九溪等九大溪流干流和石兜—坂头水库、汀溪水库群、莲花水库、溪头水库等重要水库划为城市蓝线（图 3-17）。依据防洪标准和防洪规划划定河道蓝线边界，以实线表达。现状且无扩建计划的水库划定具体边界，以蓝实线表达；新建、扩建水库蓝线为引导性边界，以蓝虚线表达。

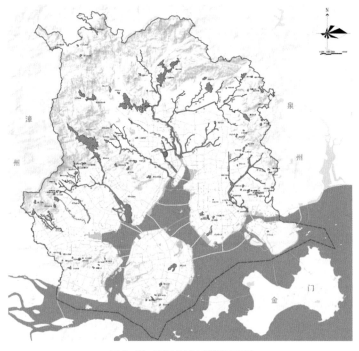

图 3-17 厦门市城市蓝线划定图

按以上原则，全市共划定 34.35km² 蓝线，严格按照《厦门市水系生态蓝线管理办法》进行管控。因水利工程论证等原因确需调整蓝线的，应当进行科学论证，并报市水利行政主管部门会同规划行政主管部门审查同意。

（2）城市绿线划定及管控要求

将对城市具有结构性作用的绿地划定为城市绿线，总面积为 88.02km²（其中，城镇开发边界内 31.34km²）。主要包括：10hm² 以上综合公园、20hm² 以上的专类公园，以及宽度超过 10m、总面积超过 10hm² 的滨海、溪流沿线带状公园、重要的城市主干道沿线防护绿地等。现状及近期建设的绿地划定具体边界，以绿实线表达，面积为 69.03km²。其余规划绿线为引导性边界，以绿虚线表达，面积为 18.99km²。在保证用地规模不减少和覆盖率不降低的前提下，可以通过下一层级的详细规划调整具体范围。

规划绿线严格按照《厦门经济特区城市绿线管理办法》《厦门经济特区城市园林绿化条例》进行管控。因重大交通和市政基础设施建设等公共利益确需调整绿线的，应保证绿线结构性系统和总量不减少。在保证总量的前提下，绿虚线的具体线位可以根据规划进行调整（图 3-18）。

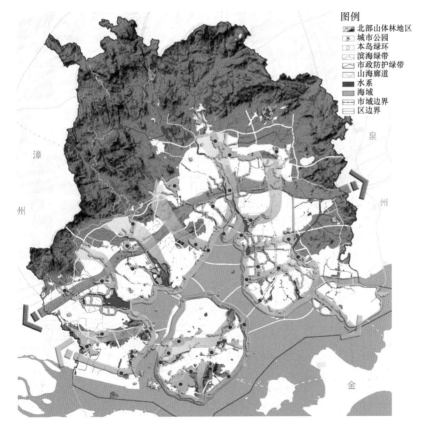

图 3-18 厦门市绿地系统规划图

3.2   城市空间多维融合

在良好的生态格局基础上，厦门市进一步将海绵城市理念在空间具象化，通过协调各层级国土空间规划及专项规划，统筹水系、绿化、道路、市政等相关城市空间要素，实现单一空间的多功能、多维度有机融合，将海绵落实在空间上。

3.2.1   以水为纽带，协调相关空间要素

依据海绵城市建设要求，综合分析协调水资源、水安全、水环境、水生态各体系的用地布局及建设要求，统筹协调水系、绿化、道路、市政（供水、节水、雨水、排涝、污水、再生水等）等各要素，提出各要素的专项规划调整反馈，实现不同要素在同一城市空间上的统一。

1. 协调水系要素

一是提出水系布局要求。根据海绵城市建设中水面率、防洪防潮、排水防涝等要求，结合城市建设用地布局情况，恢复、开挖重要沟渠，连通城市水系，增强雨水调蓄、排放功能，保障城市水安全。二是反馈河道补水要求。根据海绵城市水资源系统规划，在补充天然河道生态基流方面与水系专项规划进行协调衔接，明确补水河段、补水水源和相关补水措施。三是增加滨水景观设计要求。滨水绿带不仅可以净化雨水，也能够创造滨水宜人的休闲活动场所，水岸设计除考虑防洪、安全等问题的硬质铺装外，需多采用生态驳岸，提高水系吸收、净化雨水的能力。

2. 协调绿地要素

一是提出绿地行泄通道、滞洪空间要求。绿地系统的建设需与城市雨水管渠系统、超标雨水径流排放系统相衔接，根据行洪排涝要求，预留行泄通道及滞洪空间并做好竖向衔接。二是提出公园绿地、防护绿地等低影响开发要求。城市绿地是海绵城市低影响开发雨水系统中滞留雨水和运用雨水的主要载体，绿地系统规划要充分考虑公园绿地、防护绿地对初期雨水的总量与污染控制，有效发挥其对周边硬化区域的渗透、调蓄和净化功能。

3. 协调道路要素

城市道路应落实低影响开发理念及控制目标，减少道路径流及污染物外排量。因此，对道路系统提出了调整要求。

一是在满足道路交通安全等基本功能的基础上，明确将年径流总量控制率和径流污染控制率纳入道路建设指标要求。充分利用城市道路自身及周边绿地空间落实低影响开发设施，结合道路横断面和排水方向，利用不同等级道路的绿化带、车行道、人行道和停车场建设下沉式绿地、植草沟、雨水湿地、透水铺装、渗管/渠等低影响开发设施，通过渗透、调蓄、净化方式，实现道路低影响开发控制目标。

二是道路红线内绿地及开放空间在满足景观效果和交通安全要求的基础上，应充分考虑承接道路雨水汇入的功能，通过建设下沉式绿地、透水铺装等低影响开发设施，提高道路径流污染及总量等控制能力。

三是道路横断面、纵断面设计应表达低影响开发设施的基本选型及布局等内容，并合理确定低影响开发雨水系统与城市道路设施的空间衔接关系。

4. 协调市政要素

一是提出水环境水质要求。根据海绵城市建设中地表水体、近岸海域水环境目标及相关工程措施要求，明确雨水径流污染削减率，协调污水、再生水等尾水排放标准，并在相应专项规划中进一步明确和落实。

二是提出非常规水资源利用要求。根据海绵城市建设中对雨水、再生水等非常规水资源利用要求，重新进行水资源平衡，相应调整供水、节水、雨水、污水、再生水等相关专项规划的设施规模及布局。

3.2.2 以城为载体，落实海绵空间属性

海绵城市要实现从理念到真正落地实施，必须先赋予空间属性，在空间上具体落实海绵理念等。

1. 国土空间上的落实

厦门将海绵城市专项规划成果纳入国土空间总体规划中，明确海绵城市生态安全格局的空间管控要求，严格保护山、水、林、田、湖等组成大海绵体的生态要素，并在保护改善生态环境、促进资源综合利用、防灾减灾、市政基础设施建设等方面提出相应的要求。

（1）将海绵城市和低影响开发的设计理念纳入总体规划。

（2）明确城市尺度上水面率、绿地率径流总量控制、径流污染控制、非常规水资源化利用等方面的总体规划控制目标。

（3）划定城市蓝线，对河流、湖泊、湿地、坑塘、沟渠等水生态敏感区纳入总体规划的重点保护范围。

（4）提出水系综合整治、排水防涝、污水治理等重大涉水设施的建

设标准和要求。

（5）明确实现2020年20%建成区面积和2030年80%建成区面积达到海绵建设要求的区域，2035年基本完成全市海绵城市建设，并将建设任务纳入重点建设范畴。

2. 详细规划层面的空间落实

厦门在详细规划层面，协调落实行泄通道、滞洪滞涝空间、雨水湿地、雨污及排涝场站设施用地、雨污排水系统布局、道路及场地竖向等海绵城市系统工程的空间属性，例如在现有绿地的基础上新增31处功能型湿地（图3-19）。

综合考虑水文条件等影响因素，以总体规划层面的海绵城市规划指标和相关内容为指导，进一步分解控制指标至地块及道路，赋予各地块及道路年径流总量及污染控制率要求，明确对道路及地块内部低影响开发设施规模的管控，为地块规划许可的海绵城市控制指标提供法定依据（图3-20）。

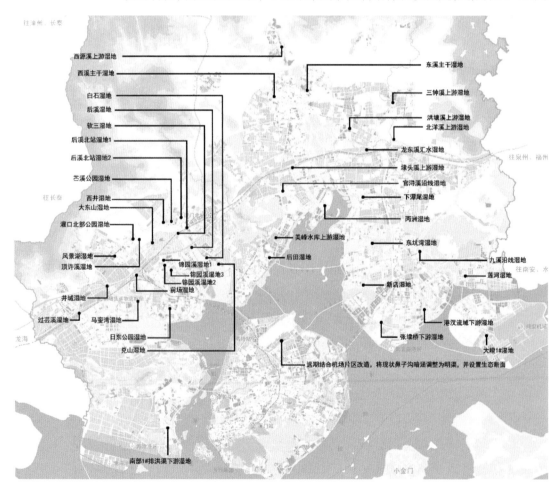

图3-19 用地空间调整图

海绵控制指标

地块编号	用地类型	用地面积(ha)	年径流总量控制率(%)	综合雨量径流系数	径流污染控制率(%)	备注
1314A35	二类居住用地	0.877	75	0.5	50	未建
1314A36	二类居住用地	2.054	75	0.5	50	未建
1314A37	服务设施用地	0.424	70	0.5	45	未建
1314A40	二类居住用地	4.828	75	0.5	50	未建
1314A43	二类居住用地	2.699	75	0.5	50	未建
1314A44	服务设施用地	0.417	70	0.5	45	未建
1314A45	二类居住用地	2.420	75	0.5	50	未建
1314A46	二类居住用地	1.331	75	0.5	50	未建
1314A47	二类居住用地	2.343	75	0.5	50	未建
1314A48	中小学用地	2.686	70	0.5	45	未建
1314B03	加油加气站用地	0.276	60	0.55	40	未建
1314E01	环卫用地	0.087	55	0.55	35	未建
1314G32	公园绿地	2.529	85	0.3	55	未建
1314G43	公园绿地	0.171	85	0.3	55	未建
1314G44	公园绿地	0.274	85	0.3	55	未建
1314G45	公园绿地	0.589	85	0.3	55	未建
1314G46	公园绿地	0.234	85	0.3	55	未建
1314G47	公园绿地	0.703	85	0.3	55	未建
1314H26	防护绿地	0.225	85	0.3	55	未建
1314H31	防护绿地	0.050	85	0.3	55	未建
1314H32	防护绿地	0.473	85	0.3	55	未建
1314H36	防护绿地	0.362	85	0.3	55	未建
1314H37	防护绿地	0.191	85	0.3	55	未建
1314H38	防护绿地	0.320	85	0.3	55	未建
1314H56	防护绿地	0.319	85	0.3	55	未建
1314H58	防护绿地	1.799	85	0.3	55	未建
1314H66	防护绿地	0.591	85	0.3	55	未建
1314H69	防护绿地	0.159	85	0.3	55	未建
1314H70	防护绿地	0.343	85	0.3	55	未建
1314I06	村庄建设用地	4.211	35	0.8	30	海绵已建或已设计
1314K02	农林用地	2.306	85	0.3	55	未建
1314K13	农林用地	0.396	85	0.3	55	未建
1314K24	农林用地	2.250	85	0.3	55	未建
1314K25	农林用地	9.027	85	0.3	55	未建
道路用地		16.95	60	0.65	50	
合计			75	0.49	50	

图 3-20 地块海绵城市控制指标图

第4章 海绵城市建设的规划体系

海绵城市建设是一项涉及多学科的综合性系统工程，其涉及面广、工程种类繁多，建设的难点在于如何把各项独立的海绵工程通过合理的组织方式融合在一起，使其发挥区域性的海绵功能。因此，规划引领至关重要。然而，海绵城市规划也不是独立存在的体系，而是扎根于国土空间规划体系的创新理念。为了让海绵城市规划真正地落到实处，必须要打破专业上"闭门造车"的壁垒，依托具有法定意义的国土空间规划体系，打通与法定规划衔接的通道，落实在城市发展策略、城市空间、管控指标以及统筹协调等内容中，实现与现有规划体系的创新与融合。

厦门海绵城市规划体系，是在国土空间规划体系基础上架构而成的，既形成了上下支撑、左右协调的完整专项体系，实现了横向能衔接、纵向有传导，又避免了成为被束之高阁的规划空谈，做到空间能落地、管控有抓手，同时实现指标的有效传导与反馈，以及建设项目的系统生成能够科学、有序地指导全市海绵城市建设。

4.1 规划体系构建

厦门在水生态文明建设中注重顶层设计，强调规划的引领作用，先后编制了《厦门市九大溪流流域水系控制性规划》《厦门市防洪防涝规划》《厦门市污水布局研究及处理系统规划》等涉水规划，已在很大程度上解决了相关问题。但由于各规划属于不同部门编制，且仅针对各自管辖范围提出解决措施，各规划之间缺乏系统衔接，解决措施也欠缺系统性思维，无法充分发挥各规划对解决跨区域、跨部门水问题的统筹及协调功能，导致出现多部门交叉解决、项目重复投资、资源浪费等现象。

厦门市海绵城市建设依托现有国土空间规划体系和管控实施平台，厦门按照"理念指标化、指标空间化、空间系统化、系统性实施"的思路，结合不同行政层级的管理，构建了"总体规划、详细规划和专项系统实施规划"三大层级海绵城市规划体系，重点强调规划统筹，注重系统性、科学性和综合性，以专项规划为引领、详细规划做传导、建设规划来衔接，实现了"多规合一"和"一张蓝图"到工程落地实施，强化了海绵城市

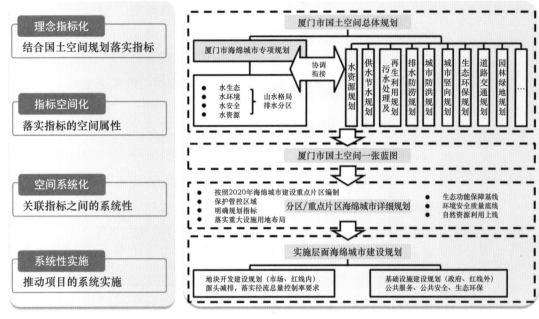

图 4-1 海绵城市规划体系图

规划从上到下的系统战略传递、层级管理的操作响应以及系统的科学管理，契合国土空间规划重在统筹协调的科学内涵，为顺利推进海绵城市建设提供科学有效的技术支撑（图 4-1）。

在国土空间总体规划层面，厦门编制了《厦门市海绵城市专项规划》统筹城市涉水规划，优化海绵城市生态格局，明确海绵管控分区与管控要求。国土空间详细规划层面，编制了分区及重点片区海绵城市规划，落实专项规划中海绵城市建设的刚性管控要求，以问题和目标为导向，明确具体开发用地海绵指标，并做好竖向、用地布局等内容的协调衔接。专项实施层面，编制了海绵城市规划，如海沧创新园片区、海沧新城内湖片区，优化并落实海绵城市建设指标，明确项目海绵城市建设工程和投资。

以上海绵城市规划编制体系主要有 4 个方面的特点：一是理念指标化：海绵城市理念已经在城市的战略规划、国土空间总体规划中变成了实实在在的指标；二是指标空间化：海绵城市建设具有多目标性，指标也多种多样。厦门海绵城市规划编制体系依托"多规合一"与"一张蓝图"，通过横向比对和纵向比对的方法，将海绵城市的多目标和指标进行空间上的融合，化解冲突，体现合理性和科学性；三是空间系统化：海绵城市规划具有综合性、系统化的特点。厦门海绵城市规划体系的相关成果，需要在宏观、中观、微观不同法定规划空间层次得以落地，较好的解决规划刚性管控和弹性管理的需求；四是系统性实施：在构建统一的规划编制体系和系统化方案（或修规）的基础上，通过机制创新，依托厦门现有的空间规划信息协同平台，改革审批流程，切实转变观念，整合部门规划、传统专项规划，协调海绵城市在事权部门内有序运行。

4.2　专项规划引领

《厦门市海绵城市专项规划》于2016年编制完成，是厦门市涉水基础设施规划建设的纲领性文件。为进一步落实住房和城乡建设部《关于做好海绵城市专项规划编制有关工作的通知》，厦门市于2018年启动并完成了专项规划的修编工作。

专项规划从问题导向出发，分析了厦门市水环境、水安全、水生态、水资源四个涉水方面存在的问题，以建成"高颜值的生态花园之城"、形成"全市域推广，全流程管控，全社会参与"的海绵城市建设新格局、塑造厦门城市新形象为总体目标，确定涵盖水环境、水安全、水生态、水资源四大类10项技术指标，作为全市性指标和传导性指标。其中，全市性指标包括生态岸线建设率、绿地率、水面率（包含海绵功能湿地）、再生水利用率和城市热岛效应，该类指标通过法定规划，随城市建设开发逐步落实；传导性指标包括年径流总量控制率、城市面源污染控制、城市点源污染控制、城市内涝防治标准、地表水体水质标准，该类指标通过全市海绵专项、分区海绵专项、控制性详细规划、海绵建设实施方案逐级传导，最后在建设项目方案中落实（图4-2）。

通过识别厦门市山、水、林、田、湖自然生态要素，在全市域1699km²内划定了生态控制线981km²。坚持生态优先原则，划定陆域生态保护红线240.4km²、海洋生态保护红线96.48km²，严守生态保护红线；划定2020年10.33万亩永久性基本农田，坚守耕地规模底线，加强耕地质量建设；落实蓝、绿空间管控要求，划定过芸溪、瑶山溪、深青溪、后溪、官浔溪、埭头溪、东西溪、龙东溪、九溪等九大溪流干流和石兜—坂头水库、汀溪水库群、莲花水库、溪头水库等重要水库的蓝线范围，共计34.35km²，保护市域"蓝色空间"；划定包括综合公园、专类公园、滨海溪流沿线带状公园、重要的城市主干道沿线防护绿地等88.02km²全市城市绿线，保障城市"绿色屏障"。通过"定点、定位、定桩"，形成事权对应、面向协同实施管理的全域海绵城市"一张蓝图"（图4-3～图4-6）。

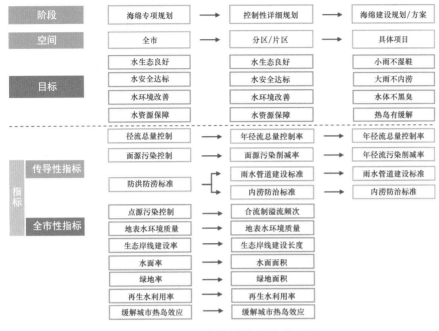

图 4-2 厦门市海绵城市建设指标体系图

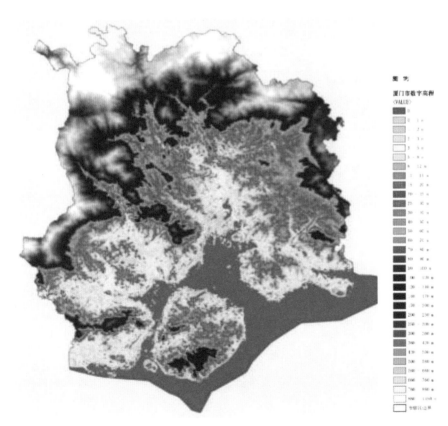

图 4-3 高程分析图

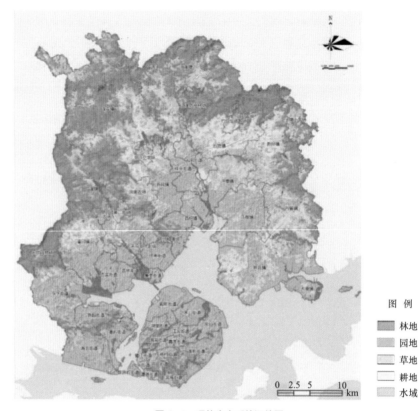

图例

■ 林地
■ 园地
□ 草地
□ 耕地
□ 水域

图 4-4　现状生态系统评价图

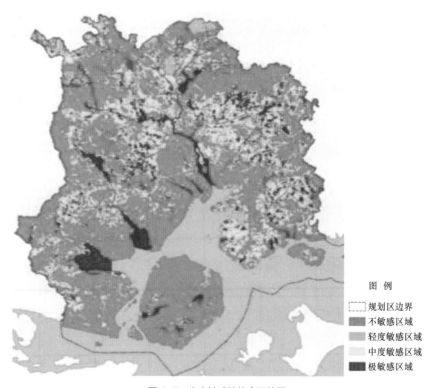

图例

□ 规划区边界
■ 不敏感区域
■ 轻度敏感区域
□ 中度敏感区域
■ 极敏感区域

图 4-5　生态敏感性综合评价图

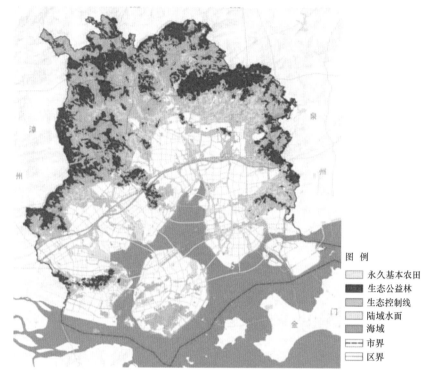

图例
永久基本农田
生态公益林
生态控制线
陆域水面
海域
市界
区界

图4-6 生态控制区规划图

同时，提出生态空间管控要求。从保护水生态、改善水环境、保障水安全、涵养水资源等方面梳理系统方案，根据排水流域划分管控单元31个，细化每个管控单元建设指标体系。从生态本底、建设分区及地块开发、用地竖向等管控要求进行统筹协调；从大海绵（污染防控、生态水系、排水防涝）和小海绵（园林绿地、道路交通、海绵社区）的角度，构建源头减排、过程控制、末端治理的工程建设体系；明确重大设施空间布局，共提出建设31处城市功能湿地、13座雨水强排泵站、22处调蓄水体、21座污水再生处理设施等。结合各区实际情况，进一步明确了2020年20%建成区的具体位置和实施途径，按照系统性、可实施性的原则，重新划定111.2km² 海绵城市重点建设区域，作为下阶段各区推进的重点。同时，规划融入了试点阶段积累的海绵城市建设理念、实施模式、管控流程、保障机制等经验，以便进一步服务于试点结束后厦门市海绵城市建设（图4-7～图4-10）。

为进一步指引各区海绵城市建设，厦门全市6个行政区（思明区、湖里区、海沧区、集美区、同安区和翔安区），以修复城市水生态、解决城市水体黑臭、涵养水资源、增强城市防涝能力为主要目标，各自编制完成各区的海绵城市专项规划。

图 4-7 海绵城市建设分区图

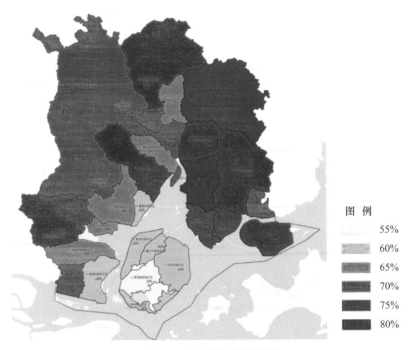

图 例

55%
60%
65%
70%
75%
80%

图 4-8 城市径流控制规划图

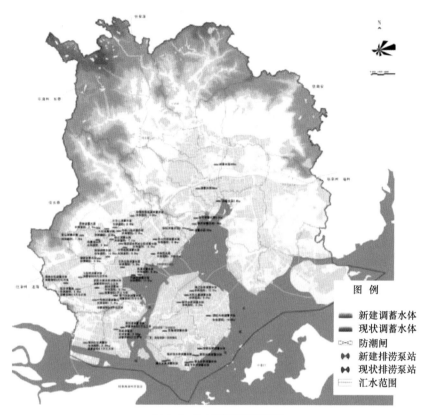

图 4-9 排水防涝设施规划图

图 4-10 近期重点建设区域图

4.3 详细规划传导

分区海绵城市规划以九大溪流生态修复、筼筜湖、五缘湾、杏林湾等湾区整治为核心，结合国务院75号文和"十三五"建设规划，进一步落实蓝绿空间管控，并针对各区具体问题，结合老旧小区有机更新和城市建设，以解决城市内涝、水体生态环境综合治理和雨水收集利用为突破口，对相关指标进行细化，整体推进区域海绵城市建设，形成海绵城市建设项目库，明确各区海绵建设从单项示范逐步向连片推广的具体途径（图4-11）。

为了落实全市域践行海绵城市理念的要求，厦门市出台《厦门市控制性详细规划编制导则（试行）》（2017年），明确要求控规编制时须确保落实总体规划中海绵城市建设的刚性管控要求，与水系规划、道路规划、排水防涝规划、竖向规划等相关规划做好衔接，结合分区海绵城市规划提出管理单元海绵总体指标、建设要求和措施，明确蓝线、绿线定位，将雨水径流控制指标落实到地块上，实现海绵指标向国土空间详细规划的传导。

2016年以来，厦门市新编制的各片区控制性详细规划中都包含了海绵专篇。一是统筹协调建筑、道路、绿地、水系等的布局和竖向，有效组织地面径流，并完善城市排水管渠系统和排涝除险系统，充分发挥海绵城市设施的作用；二是综合水环境、水生态、水安全、水资源等控制要求，明确蓝绿线的空间划定，落实海绵城市相关基础设施和生态设施的用地，如确定污水处理厂、集中式调蓄池的控制用地、截污干管等工

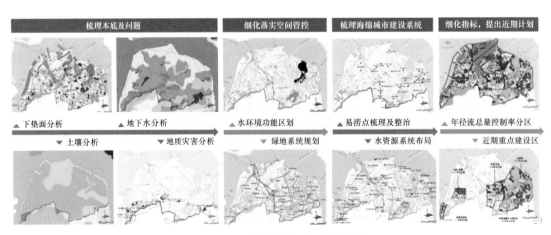

图4-11 分区海绵城市专项规划重点示例

程设施的布局及大型公园绿地、湿地的规模及控制用地,并提出建设要求;三是分类分解细化了各地块的海绵城市控制指标,主要包括径流总量控制率和径流系数,作为规划部门下达规划条件的依据,落实了管控的抓手。截至目前,已编制范围包括五缘湾片区、厦门北站片区、后溪片区、西柯北片区、黎安片区、汀溪镇区等片区,总面积为 190.4km^2,此外,另有 60km^2 区域在编,预计 5 年内可实现海绵指标的全市域覆盖(图 4-12)。

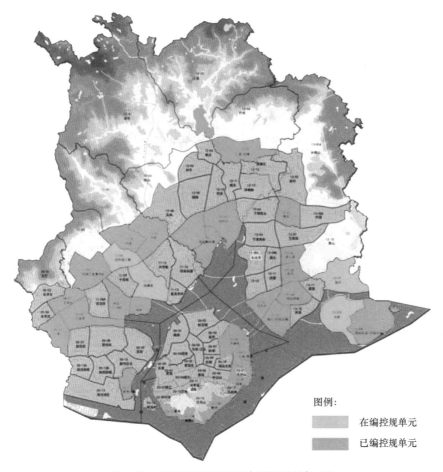

图例:

在编控规单元

已编控规单元

图 4-12 已编控制性详细规划(含海绵专篇)区域

海绵城市始终是一项系统工程,需从流域的角度梳理问题和解决问题。因此,针对厦门 6 个行政区 2020 年建成区 20% 面积的海绵城市重点区域,以流域为研究对象,编制海绵城市重点片区建设系统化方案(图 4-13)。

在海绵城市规划体系中,重点片区(流域)的海绵城市系统化方案是详细规划层面的重要环节,既能够与国土空间详细规划衔接,又能兼顾海绵城市的流域系统性特点。系统化方案,一方面作为国土空间详细规划的系统性专业支撑,分解并落实全市和分区层面海绵城市规划的具

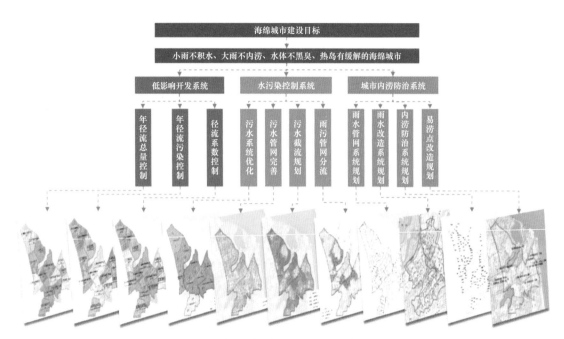

图 4-13　重点片区海绵城市建设系统化方案重点示例

体管控内容，划定城市蓝线、绿线，完善城市排水管渠系统和排涝除险系统，充分衔接好详细规划层面的水系规划、道路规划、排水防涝规划、竖向规划；另一方面，作为专项规划到实施层面建设规划之间的重要衔接，系统解决了流域水环境、水安全、水生态、水资源的问题和需求，老区以问题导向解决水体污染及城市内涝，新区以目标为导向明确目标和重大设施布局，并且重构海绵项目的生成渠道，实现从"项目引导"向"系统谋划"的转变，强化项目计划的指标属性、系统属性、空间属性，确保项目的系统性生成，科学指导各流域海绵城市建设。

4.4　建设规划衔接

实施层面，厦门市在海沧创新园、内湖片区、体育中心、翔安新城CBD 片区等进一步运用问卷调查、GIS 信息数据库统计、无人机三维建模和计算机水文水质模拟等技术方法，编制海绵城市建设规划，更为精细化且因地制宜地推进连片建设。

以海沧创新园为例，在分析海绵城市建设需求的基础上，利用无人机技术，收集现状精准地形地貌等信息，建立三维地理信息模型，分析下垫面实际可供改造的屋顶、硬质铺装和绿地的面积等信息，结合片区的改造提升，依据最大程度技术可行性和"共同缔造"的方式，系

统布设屋顶绿化、生物滞留设施、植草沟、微地形以及其他的海绵设施
（图 4-14）。

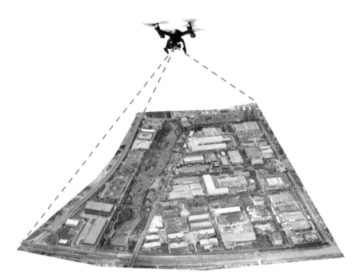

图 4-14　海沧创新园无人机三维模型

运用 Civilstorm 软件建立片区水文水质模型，基于海绵设施初步方案，
精细构建 2000 多个微排水单元，模拟评估海绵城市建设前后径流总量及
径流污染控制效果，校核市政道路及地块内部雨水管线排水能力，辅助
现状分析和方案制定，提升海绵城市建设的系统性和科学性（图 4-15）。

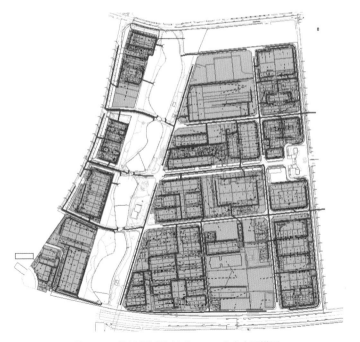

图 4-15　海沧创新园 Civilstorm 水文水质模型

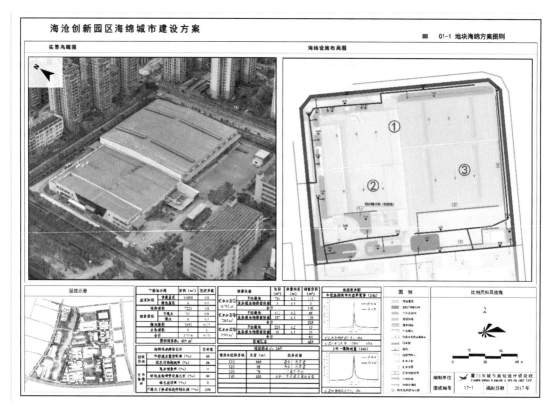

图 4-16 海沧创新园地块方案图则示例

为了进一步保证建设规划的技术经济合理性与可实施性，定量分析比选不同强度海绵城市建设方案并确定合理方案，明确排水分区主要坡向、坡度范围、排水路径、竖向等要求，制定各地块详细设计方案，直接指导片区海绵城市建设的具体实施（图 4-16）。

实施层面的海绵城市建设规划是规划与方案设计之间的重要衔接，借助三维建模与水文水质模拟等技术，能够根据片区地块、道路下垫面等实际情况反馈，进一步优化年径流总量控制率、径流污染削减率等海绵城市管控指标，与详细规划层面的指标分解相比更具有可实施性，对下一阶段方案设计的指导性更强。同时，实施层面建设规划的指标调整也将反馈至详细规划层面，形成海绵城市建设指标传导体系闭环，进一步提高规划部门下达海绵城市建设管控指标的科学合理性。

第5章 海绵城市建设的工作方法

早在 2015 年，厦门市秉持先行先试、敢闯敢试的精神，率先做出"海绵城市不局限于试点区，全市都要按照海绵城市理念要求建设"的尝试，明确提出全市新、改、扩建项目建设应积极落实海绵城市建设要求及其相关技术规范和标准，以增强人民的幸福感、获得感、安全感为目标，充分运用"共同缔造"理念，优先解决与群众生产生活密切相关的问题，将海绵城市建设与生态文明建设、美丽厦门建设有机融合，形成"全市域推广，全流程管控，全社会参与"的海绵城市建设新格局与工作方法。

5.1 全市域推广的建设模式

2016 年，厦门市编制完成了《厦门市海绵城市专项规划》，明确已建城区以问题为导向，以系统解决易涝隐患、提升水环境质量、改善人居环境为工作重点，老旧小区改造、城市更新等工作应因地制宜融入海绵城市建设理念，科学实施低影响开发设施建设。新城开发应以目标为导向，借鉴翔安新城试点区海绵城市建设模式，合理编制海绵城市建设片区规划，结合片区建设开发时序安排年度建设计划，有序开展海绵城市建设。同时，在现有城市建设体制机制的基础上，通过制度建设、组织保障、精准管控等措施，有力地保障海绵城市建设的全市域推广。

5.1.1 顶层制度保障

2015 年 1 月，《厦门经济特区生态文明建设条例》正式施行，以地方法规的形式对保护城市生态格局、划定生态控制线、加强流域水体整治、发展绿色循环经济等方面提出要求并落实主体职责。2015 年 12 月，厦门市市政园林局、厦门市海绵城市建设工作领导小组办公室等 9 部门联合印发《厦门市海绵城市建设管理暂行办法》，明确海绵城市新建、改建、扩建项目的立项、规划管理、土地开发利用管理、建设管理以及运营管理整个实施过程中的政府行为和职责，这是厦门市海绵城市建设的基础性文件。针对试点期间暴露出来的相关问题，2018 年初，厦门市结合试点建设经验总结修订，并以市政府规章的形式颁布了《厦门市海绵城市建设管理办法》。同时，为了进一步形成长效的体制机制，推动《厦门市海绵城市建设管理办法》从政府规章提升到人大立法，确立各职能部门在海绵城市建设中的职能和责任，为全面推进海绵城市建设提供了法制保障。

5.1.2　组织协调机制

1. 组织架构

2015 年试点建设初期，厦门市成立以市长为组长、市政园林局为主体、参与海绵城市建设的相关单位为成员的市海绵城市建设工作领导小组。领导小组下设办公室，挂靠于市政园林局，办公室划分为 8 个工作组。各工作组由责任主体牵头，分头探索海绵建设审批、监管经验，并出台相关技术标准文件，为试点后落实常态化管理奠定基础。

2019 年试点结束后，海绵城市建设领导小组办公室原工作组职责按事权主体回落至各职能部门，将海绵城市理念融入各职能部门的日常工作，继续开展海绵城市建设行业管理、技术指导和专业统筹等工作，实现政府职能上由试点探索到常态管理的转换。同时，厦门市思明区、湖里区、集美区、同安区四个非试点区参照试点区建设模式，分别成立区级海绵城市建设领导小组及办公室，与市级机构相对应，并负责推进各区海绵城市建设（图 5-1）。

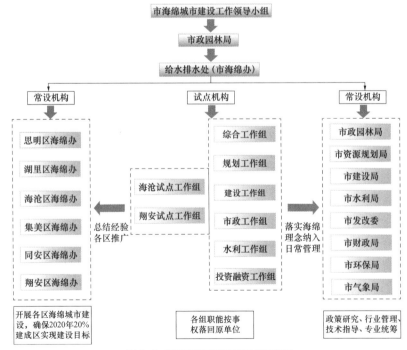

图 5-1　厦门市海绵城市建设组织架构

2. 协调机制

试点建设期间，厦门市建立市区三级例会制度，形成海绵城市建设全市"一盘棋"的组织格局。第一级例会，由区海绵办组织召开，原则上每周一次，重点协调项目建设进展；第二级例会，由市海绵城市建设领导小组办公室组织召开，原则上半月一次，重点协调海绵城市建设项目推进过程中推进的难点；第三级例会，由市政府分管副市长组织召开，原则上每月一次，协调解决了海绵城市建设工作难点和部门分歧。

2019 年试点结束后，随着全市海绵城市建设的推进，各项建设工作趋于常态化。为避免无效协调，逐步取消例会制度，将海绵城市建设协调工作纳入常规工作范畴。各区海绵办不定期召开会议，重点协调各区海绵城市推进事项，督查建设进度，并将海绵城市建设难点问题及时上报市海绵城市建设领导小组办公室。市海绵城市建设领导小组办公室原则上每月召开一次会议，重点督查各区各部门海绵城市工作进度，遇到重大问题需要由市政府协调解决的，由市政府协调会组织相关部门统筹解决（图 5-2）。

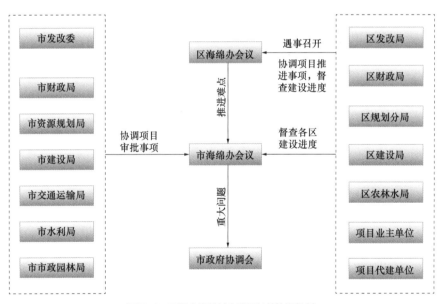

图 5-2　厦门市海绵城市建设长效协调机制

5.1.3　资金投入模式

试点建设期间，厦门市海绵城市建设资金来源包括城市基础设施建设资金、PPP 模式融资投入、社会资金投入、中央财政专项补助资金四项，试点期以城市基础设施建设资金、中央财政专项补助资金为主。为强化资金保障，厦门市财政局出台了《厦门市海绵城市建设财政补助资金管理办法》及海沧马銮湾片区、翔安新城片区海绵城市建设专项补助资金管理办法，确保中央财政补助及市财政预算资金专款专用，发挥资金使用效益。同时，为进一步拓宽投资融资渠道，厦门市发改委出台《厦门市推广运用政府和社会资本合作（PPP）模式实施方案》和《关于推广政府和社会资本合作PPP模式试点扶持政策的意见》，并选取了海沧区乐活岛（一期）海绵工程作为PPP项目，通过项目奖补、融资支持、保障权益等措施加大扶持力度，主动探索投资融资创新机制。

试点结束后，厦门市整合市区两级财政资金渠道，建立健全海绵城市资金投入机制，市属项目的海绵建设资金由原有投资渠道出资，区属项目由区级财政或社会资本投资建设。市级财政结合绩效考核结果，采用以奖代补形式给予区级财政资金补助，按考核排名给予各区奖励，以缓解各区海绵城市建设压力。同时，鼓励各区加大协调力度，全力推动海绵城市建设。

5.2　全流程管控海绵城市建设项目

5.2.1　全流程管控的探索历程

海绵城市规划实施需要理顺审批机制，以便有效推进海绵城市建设的落实。众所周知，海绵城市建设需统筹协调城市开发建设各个环节，涉及多个政府管理部门的协同配合和管理，成为制约海绵城市建设全面推广的"瓶颈"。因此，如何保障各个环节有章可循至关重要，遵循基本的项目建设程序及其相应的海绵城市建设要求是有效实施海绵城市建设项目的重要保障。

2015年是厦门市海绵城市建设试点的第一年。为确保海绵建设项目技术方案的合理性，厦门市依托海绵工程技术研究中心的技术力量，开展海绵方案技术指导工作，并出具海绵城市建设方案指导意见书，对海绵技术方案的合理性进行了有效管控。但由于试点期间大部分本地设计、施工、监理单位对海绵城市建设理念的理解不够全面，导致项目施工图编制、施工组织以及竣工验收等阶段项目建设内容与海绵工程技术研究中心指导通过的技术方案存在较大偏差，工程建设质量降低甚至偏离海绵建设理念。因此，厦门市逐步认识到海绵城市建设的系统性，必须调动各部门联合参与，进行项目周期内的全流程管控，把建设理念融入常规项目建设程序，才能够取得实质性的效果。

探索全流程管控需要一定的时间和经验。为保障试点建成成效，2016年，厦门市在引进中国市政工程华北设计研究院有限公司和上海市政设计研究总院集团有限公司分别作为海沧马銮湾试点区和翔安新城试点区的咨询服务机构时，将试点项目施工图专项审查、施工现场巡查、专项验收等内容作为两家技术机构咨询服务的重要内容。

之后，厦门市充分总结试点建设项目实践经验，结合"多规合一"建设成果，探索在传统项目建设流程中落实海绵管控的方法和内容。2018年，厦门市建设局、厦门市规划委员会等六部门发布了《关于加强海绵城市项目建设全过程管控的通知》，明确厦门市开展海绵城市建设项目设计方案审查、施工图审查、工程质量监督、竣工验收的具体流程和要求，提出在规划许可发放、施工图审查、施工许可发放和工程竣工验收等环节中嵌入海绵城市建设管控要求的实施细则，通过实践和优化，深化国家"放管服"的行政理念，适应简政放权、精简环节、优化流程、提升效能（图5-3）。

作为一种新型的城市发展方式和开发理念，海绵城市建设不是一个单纯的工程建设，而是一项需要长期贯彻才能产生成效的城市转型进程。没有所谓的"海绵城市建设工程"，有的是"落实海绵城市理念的建设项目"。试点建设期间，由于时间紧迫、任务繁重、缺乏建设经验等因

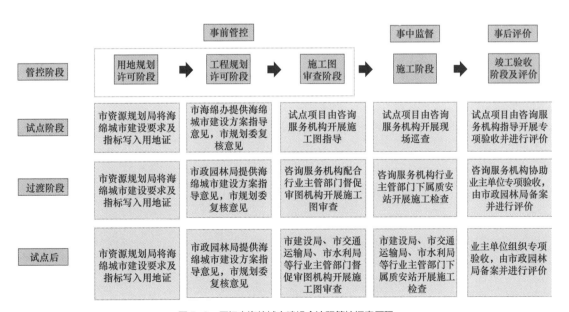

图5-3 厦门市海绵城市建设全流程管控探索历程

素，试点城市均成立了由市领导挂帅的海绵城市建设领导小组及办公室，统筹协调各部门、各专业，采用开辟绿色通道、特事特办的方式推进试点项目建设。这种项目推进模式虽然简化了建设项目前期手续流程，缩短了审批时间，但难以在全市域范围内长期执行，不具备推广性和延续性。而开展海绵城市建设项目全流程管控，通过建立健全规划建设管控制度，将海绵城市理念融入建设项目立项、设计、建设、验收等常规项目建设全流程审批程序，形成环环相扣的项目常态化管控体系，可有效、切实地将海绵城市建设落到实处。

5.2.2 全流程管控的具体内容

海绵城市建设项目包含财政投资融资建设项目和社会投资项目，社会投资项目又分为核准类和备案类，结合各类项目行政审批要素的区别，按照"指标下达、方案指导、设计审批、施工抽查、竣工核查"的顺序进行全流程管控。管控流程分为财政投资融资类、社会投资核准类、社会投资备案类三类，具体流程详见图 5-4～图 5-6。

1. 指标下达

财政投资融资类建设项目、社会投资核准类建设项目通过"多规合一"信息平台完成项目策划后，发改部门将海绵城市建设要求写入项目可行性研究报告联评联审会议纪要。立项用地规划许可阶段，对于划拨或出让用地项目，资源规划部门在建设项目选址意见书和规划设计条件中直接

海绵管控阶段	行政审批阶段	牵头部门	管控内容
指标下达	联评联审阶段	发改委	将海绵城市建设要求写入联评联审会议纪要，并下达项目投资估（概）算审核意见函
	立项用地规划许可阶段	资源规划局	将海绵城市建设指标写入选址意见书和用地证
方案指导	工程建设许可阶段	市政园林局	开展海绵方案设计联合技术指导，对后续施工图设计提出技术意见
	概算批复	发改委	根据方案以及技术指导意见审核批复概算
设计审批	施工许可阶段	建设局	要求图审机构按方案联合技术指导意见、标准规范审查施工图，出具合格证，用于办理施工许可
施工抽查	工程建设阶段	建设局、市海绵办	要求质安站监督建设工程按图施工；市海绵办开展建设项目随机抽查，对违规做法提出整改要求
竣工核查	竣工验收阶段	各区政府	业主单位组织专项验收，区海绵办负责海绵设施竣工核查，验收材料报"多规合一"平台备案

图 5-4 财政投资融资类建设项目海绵城市管控流程

海绵管控阶段	行政审批阶段	牵头部门	管控内容
指标下达	联评联审阶段	发改委	将海绵城市建设要求写入联评联审会议纪要，并下达前期工作计划
	立项用地规划许可阶段	资源规划局	将海绵城市建设指标写入选址意见书和用地证
方案指导	工程建设许可阶段	市政园林局	开展海绵方案设计联合技术指导，对后续施工图设计提出技术意见
设计审批	施工许可阶段	建设局	要求图审机构按方案联合技术指导意见、标准规范审查施工图，出具合格证，用于办理施工许可
施工抽查	工程建设阶段	建设局、市海绵办	要求质安站监督建设工程按图施工；市海绵办开展建设项目随机抽查，对违规做法提出整改要求
竣工核查	竣工验收阶段	各区政府	业主单位组织专项验收，区海绵办负责海绵设施竣工核查，验收材料报"多规合一"平台备案

图 5-5 社会投资核准类建设项目海绵城市管控流程

海绵管控阶段	行政审批阶段	牵头部门	管控内容
指标下达	土地出让阶段	资源规划局	将海绵城市建设要求写入国有土地使用权出让合同
方案指导	工程建设许可阶段	市政园林局	开展海绵方案设计联合技术指导，对后续施工图设计提出技术意见
设计审批	施工许可阶段	建设局	要求图审机构按方案联合技术指导意见、标准规范审查施工图，出具合格证，用于办理施工许可
施工抽查	工程建设阶段	建设局、市海绵办	要求质安站监督建设工程按图施工；市海绵办开展建设项目随机抽查，对违规做法提出整改要求
竣工核查	竣工验收阶段	各区政府	业主单位组织专项验收，区海绵办负责海绵设施竣工核查，验收材料报"多规合一"平台备案

图 5-6 社会投资备案类建设项目海绵城市管控流程

明确具体的管控指标；对于自有土地项目，资源规划部门在办理规划条件核定时明确海绵城市建设管控指标。

社会投资备案类建设项目，资源规划局在办理土地出让手续时，将海绵城市建设指标直接写入土地使用权出让合同。

2. 方案指导

工程建设许可阶段，建设单位应按照《厦门市海绵城市建设方案设计技术导则》的要求，编制海绵城市方案设计，作为申请工程规划许可证的必备材料（豁免项目除外）。方案由"多规合一"窗口统一收件后推送至市政园林局，由市政园林局组织进行评估指导，复核修正方案中涉及的海绵设施布局、指标计算、雨水组织等内容，出具方案技术评估指导意见，指导后续施工图设计。

3. 设计审批

施工许可阶段，建设单位应按照方案技术评估指导意见以及《厦门市海绵城市建设工程施工图设计导则及审查要点》的要求，进行施工图设计，施工图设计审查机构按照国家、地方相关规范标准对施工图中海绵城市内容进行审查，并复核方案技术评估指导意见的修改落实情况，并出具审查合格意见，作为建设项目施工许可证办理的依据。

4. 施工抽查

项目实施期间，质安、监理单位和工程质量检测机构对海绵城市建设项目开展日常监督，确保项目建设中海绵设施按图实施。市政园林局联合市建设局、市资源规划局等海绵城市建设领导小组成员单位，定期开展全市海绵城市建设事中抽查，重点监督相关产品质量是否达标、细节做法是否符合规范，并出具现场巡察报告，对不符合要求的做法进行现场约束，限期整改。

5. 竣工核查

项目完工后，建设单位向所在区海绵城市建设主管部门提出海绵工程验收申请。区海绵城市建设主管部门委托第三方技术服务机构，会同项目建设、施工、监理、设计、勘察等单位开展专项验收，出具验收合格意见，作为建设单位申报"多规合一"信息平台竣工备案的必需材料。专项验收分材料验收和现场验收两步进行，材料验收主要核查项目建设过程管控文件是否齐全，现场验收重点检查海绵设施是否按图实施、是否符合规范要求。对于不满足验收要求的项目，现场出具验收整改意见，相关单位在指定时间内完成整改，经复核达标后方可通过验收。

5.2.3　全流程管控的强化机制

在厦门市海绵城市建设全流程管控机制的 6 个主要阶段中，指标下达、方案指导两个"事前"阶段的实施主体相对明确，比较容易落实，而设计审批、施工检查、竣工验收、运维管理等"事中、事后"阶段均涉及不同责任部门，管控难度较大。为避免海绵城市建设管控"走过场、做虚功"，影响项目建设质量，厦门市建立了海绵城市事中事后监管机制，作为全流程管控机制的强化与补充。其主要内容如下。

1. 建立全市建设项目海绵城市资料库

依托"多规合一"平台，由厦门市海绵城市领导小组办公室联合市资源规划局、市建设局、市交通局、市水利局、各区政府、各新城指挥部，梳理全市海绵城市重点建设项目，并根据建设进度安排，明确各项目重点管控内容，建立全市建设项目海绵城市资料库，落实项目台账管理。

2. 开展建设项目海绵城市专项抽查

建设项目海绵城市专项抽查每季度开展 1 次，对项目施工图审查、施工期、完工后各阶段的抽查比例不低于 25%，重点监管内容如下：

（1）对于完成施工图审查的项目，依据建筑小区、市政道路、公园绿地、水系等类型，对于存疑项目、复杂项目必抽，对于简单项目、一般项目按一定比例抽取，主要核查内容为海绵城市设计方案技术指导意见及施工图审查要点内容的落实情况。

（2）对于海绵城市建设施工期的项目，重点加强项目建设的过程监管。根据项目进展情况，对于前期或新开工项目，重点巡查项目前期资料中海绵城市建设要求落实情况；对于建设期项目，重点巡查海绵设施施工管理质量。

（3）对于已完工项目，重点巡查项目配建海绵设施是否按图施工，以及项目海绵城市建设的整体效果及运行维护情况。

3. 编制建设项目海绵城市专项抽查季报

对海绵城市专项抽查的相关项目形成完整的台账、核查单等过程资料，按季度编制方案设计抽查核查季报，由市海绵办定期向各主管部门和项目业主单位通报抽查结果及整改要求。

4. 配套落实奖惩制度

根据抽查结果及整改情况，对相关建设、设计、施工、监理、运维等相关单位划定资信等级，并与财政投资融资项目相关单位名录库管理挂钩，规范海绵城市建设市场体系。同时，财政投资项目的海绵城市建设抽查结果，也将作为各区政府年度生态文明建设评价考核评分的重要参考依据。

5.3　全社会参与海绵城市建设

厦门市自 2013 年开始开展"美丽厦门共同缔造"行动，提出坚持以群众参与为核心，以培育精神为根本，以奖励优秀为动力，以项目活动为载体，以分类统筹为手段，着力决策共谋、发展共建、建设共管、效果共评、成果共享，完善群众参与决策机制，通过市民对城市建设管理的深度参与，创新社会治理体系，推进国家治理体系和社会治理能力现代化。

由于海绵城市建设涉及大量社区居民、工业企业、社会团体、政府部门等利益相关方，依靠政府单方面力量全方位推动海绵城市建设和管理困难重重。因此，"共同缔造"是破解海绵城市建设管理过程中协调难题的有效途径。厦门在海绵城市建设过程中深入践行"共同缔造"理念，实行改造前问需于民，改造中问计于民，改造后问效于民，走群众路线，依靠群众、发动群众，让群众成为海绵城市改造的"主角"。做到决策共谋、发展共建、建设共管、效果共评、成果共享，加深公众对海绵城市的认识和理解，激发群众参与海绵城市建设的热情，共同推进海绵城市试点建设。

5.3.1 决策共谋

充分运用"共同缔造"理念，完善群众参与决策机制，以群众的利益为出发点，充分考虑群众的需求，在海绵城市建设过程中，优先解决与群众生产生活密切相关的问题。群众可全方位参与项目规划、设计、施工、验收等各阶段工作，共同为海绵城市建设出谋划策。

1. 规划阶段广泛征求群众意见

在编制《厦门市马銮湾国家海绵城市建设试点实施方案》《厦门市马銮湾国家海绵城市试点区海绵城市专项规划》等各项规划过程中，通过设置调查问卷、开通微信公众号、公布征求意见电话，广泛收集市民群众的意见建议（图5-7）。累计参与机关党员进村居、村居党员进网格活动5200余人次，收集海绵城市建设建议240余条。

图5-7 广泛收集海绵城市建设意见与建议

2. 设计阶段深入调查业主需求

在进行方案设计前，设计人员深入工厂、社区、村庄调研各项目业主诉求，如是否存在停车位不足、健身器材及路灯等基础设施缺失、景观绿化效果欠佳、外立面破损、内涝积水等问题，以及是否希望进行雨水资源利用、提升厂区绿色环保形象等（图5-8）。在海绵工程建设过程中，发放和收集调查问卷，作为海绵城市方案设计的重要参考。工业企业、房地产业主可以全程参与方案讨论、图纸会审、项目交底等，及时提出自身建设需求。

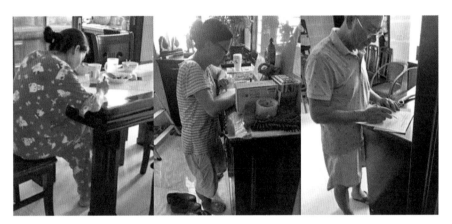

图5-8　调查业主诉求

5.3.2　发展共建

充分发挥共同缔造精神，鼓励工业企业、房地产、医院、学校等单位共同参与海绵城市建设。通过媒体宣传、开展培训和讲座、组织参观学习等方式，加强社会各界对海绵城市的认识和理解。宣传海绵城市理念，同时建立"以奖代补"激励机制，吸引企业参与海绵城市建设。

1. 加大宣传力度，科普海绵知识

通过政府网、公众号、各类媒体开展系列报道，大力宣传海绵城市建设工作，提高群众知晓率与支持度。在全国率先编写海绵城市建设校本课程。聘请专业的环保教育机构，编写了全国首个适用于中小学生教育的海绵城市建设校本课程。结合海绵城市试点项目展示和学校教育，在全市中小学开展海绵城市建设课程。课程将课堂教学与课外实践相结合，通过互动环节，让学生和家长共同了解海绵城市理念，扩大海绵城市建设社会影响力，进一步形成海绵城市建设的社会共识（图5-9、图5-10）。

图 5-9 校本课程教师培训宣贯会

图 5-10 小学四年级海绵城市课本

深入社区开展海绵城市宣传工作。制作海绵城市宣传册，由街道办负责分发给各住宅小区、村庄等，深入社区对群众进行科普、宣传，加深群众对海绵城市的认识和理解，鼓励居民积极参与、配合海绵城市建设工作。开发"厦门海绵城市建设"公众号，定期向公众公布海绵城市建设进展、建设成效，科普海绵城市相关知识，群众也可以通过公众号给海绵城市建设建言献策，实现建设共管、效果共评。

在央视新闻频道宣传海绵城市建设经验。制作厦门市海绵城市建设试点经验宣传片，于 2016 年 1 月 29 日在中央电视台新闻频道的"新闻直播间"栏目播出，系统介绍厦门市开展海绵城市试点工作取得的成绩及海绵城市建设经验。

2. 开展培训讲座，组织观摩学习

多次召开海绵城市建设企业宣贯会、专题动员会、培训会等，亲自为试点区村民、企业主代表宣传海绵城市建设理念，并带队参观华侨大学"海绵校园"、试点区"海绵道路"与"海绵工厂"等，开创全国首个县区领导、大学校长为农民及工厂企业主讲课的先河。运用"共同缔造"的理念，引领全民参与、主动融入海绵城市建设。

积极开展宣传动员与专题培训工作。社会层面，采用动员会、专题会、培训会等形式，引导企业、村居民积极参与实施海绵改造工程。政府层面，召开海绵城市建设工作培训会、观摩会议、专题动员会等，探讨推进海绵城市建设工作，研究各项重点、难点问题。以新阳主排洪渠的治理为例，新阳街道办多次召开"新阳主排洪渠水环境综合治理"专题讲座，倡导村民从自身理念抓起，从垃圾分类、自觉维护排水管网、建设化粪池、建设小型处理站等身边的小事做起，呼吁大家一起努力，共同推动村庄海绵城市改造建设，从源头减排做起，共同参与新阳主排洪渠水环境综合治理工作（图 5-11）。

图 5-11　街道办组织海绵城市专题讲座

打造海绵示范项目，积极组织现场观摩学习。为了加深工业企业、房地产业主、村居民对海绵城市的认识与理解，在海绵城市试点建设初期，优先建成一批业主配合积极性高、地理条件较好的海绵项目，打造样板工程。在暴雨后及时组织参建单位、村居民、企业主对改造后的"海绵工厂""海绵道路"进行实地参观，让大家切身感受海绵改造带来的好处，加深对海绵城市建设的理解，并自觉支持与配合政府的海绵城市建设工作。组织人大代表、政协委员、村居两委、小组长等前往华侨大学等已建成的海绵示范项目进行实地参观与体验，在全国试点城市开创大学校长给村民上课，试点县区长带领企业主、村民学习的先河（图5-12）。

图 5-12 相关企业、村民参观华侨大学海绵校园

3. 领导带队走访，部门合力推进

逐户走访工业企业、房地产等社会项目，从海绵城市建设的生态效益、经济效益、社会效益等方面与各业主座谈交流，加深社会项目业主对海绵城市建设内涵的理解与认可。同时，梳理政府扶持企业政策，召集工商、税务、教育、消防、安监等部门共同研究提高企业配合度的策略，通过部门合力进一步动员企业积极参与海绵城市建设（图5-13）。

图 5-13 海沧区分管领导、建设局走访企业与房地产业主

4. 搭建项目载体，吸引企业参与

积极探索建立"以奖代补"激励机制，厦门两个试点区政府明确已建设完成的非财政投资项目进行海绵城市改造的，如由企业自行组织实

施，则按项目海绵城市工程建安费用给予工业项目75%补助、房地产项目65%补助；委托国有企业代建的，补助比例提高至工业项目100%、房地产项目70%。另外，若在建非财政投资项目在原设计方案中增加海绵城市工程内容，并成为试点片区示范样板工程，则在享受补助的基础上，额外给予海绵城市工程建安费用5%以内、总额不超过200万元的奖励。通过"以奖代补""国企代建"等综合措施，吸引并鼓励工厂、房地产参与海绵城市建设，有效调动个人、单位、社会组织参与海绵城市建设的积极性，全力突破工业企业、房地产等非财政投资项目海绵改造瓶颈。

5.3.3 建设共管

海绵城市建设过程中，发动群众共同监督项目进度与项目质量，建设完成后，吸引业主共同参与海绵设施维护管养，同时开通多条反馈渠道，让群众共同参与管理。

1. 共同监督项目的进度与质量

通过发放征求意见书、制作宣传栏对改造流程、政策理论、资金比例、实施方案等进行宣传，引导积极的群众参与到海绵城市建设工作中来。每个项目建立一个微信群，群成员包括业主、设计、经信、建设、财政、代建、监理、施工等单位，在施工过程中，业主可监督施工进展及质量、评估实施效果，发现问题可随时在群里反馈或直接向相关单位反映，由代建与监理单位负责督促整改。

2. 共同参与海绵设施维护管养

厦门海绵城市试点区海绵城市项目分为学校、工厂、市政道路、建筑小区、城中村等几类，其中建筑小区、工厂由所属物业管理单位负责管养，管养经费由物业自行筹措，区财政给予70%的补助；学校海绵设施由所在学校负责管养，养护经费纳入教育经费，直接拨付各个学校；市政道路由区代建单位负责管养，维护费用纳入年度市政维护预算。

5.3.4 效果共评

建立群众共评机制，海绵项目建设完成后，工厂、房地产业主、村居民等利益相关方可以共同监督并反馈项目建设效果。

1. 共同参与海绵城市项目竣工验收

项目验收需业主单位参与，建设成果需业主认可并签字后才能完成验收，若存在植物养护不到位、破路后路面恢复达不到要求等问题，业主单位可以拒绝验收,等施工单位整改到位后再进行验收。充分保障业主权益,调动业主单位参与海绵城市建设的积极性。

2. 共同参与海绵设施维护管养考评

由区海绵办牵头,组建海绵城市设施设备考评小组,每月定期对海绵城市设施设备进行考评检查,同时每月做一次问卷调查,统计民众对海绵城市建设效果的满意度并进行评分,考评分数与每月财政拨付经费比例挂钩,考评不合格的项目,当月财政拨付经费核减10%。

5.3.5 成果共享

海绵城市建设以问题为导向,结合老旧小区改造、城中村改造,有效解决了与民众生活密切相关的内涝、黑臭水体等问题。让民众共享海绵城市建设成果,激发大众参与海绵城市建设的热情,提高民众获得感和幸福度,共同推进生态文明建设。

海绵城市建设规划、设计、施工、竣工验收、维护管养等各阶段共同缔造的内容如图5-14所示。

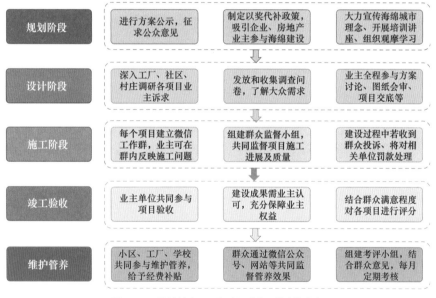

图5-14 海绵城市项目各阶段"共同缔造"内容

第6章 海绵城市建设的技术研究

技术研究是支撑海绵城市建设的基石。厦门市因地制宜，从降雨频率图集编制，暴雨强度公式修订，下垫面、雨水径流污染研究，模型参数属地化研究以及本地植物适宜性研究等方面开展了大量工作，为厦门市海绵城市建设奠定了牢固的基础。

6.1 降雨频率图集及暴雨高风险区域图集编制

暴雨频率分析对海绵城市建设的指标设定及当地基础情况的了解具有重要作用。厦门市编制了一套基于百度地图的暴雨频率分析成果在线展示查询平台。该平台的功能较为全面，可以通过鼠标点击拖拽查看每个站点或者网格点在对应的设计时段的频率估计值；查看每个点频率估计值的图表及计算数据，也可以直接输入对应的经纬度查询对应的图表和数据；根据不同的插值方法查看短历时暴雨高风险区划图等。平台实现了数据的实时更新，有新的数据送达以后，可以登录管理员账号将新的数据上传至平台，自动计算更新相关图表和数据（图6-1、图6-2）。

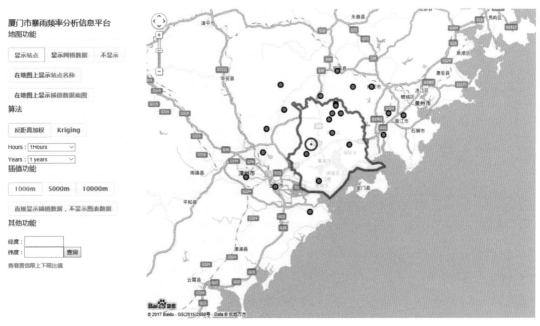

图6-1 厦门地区降雨频率分析信息平台界面

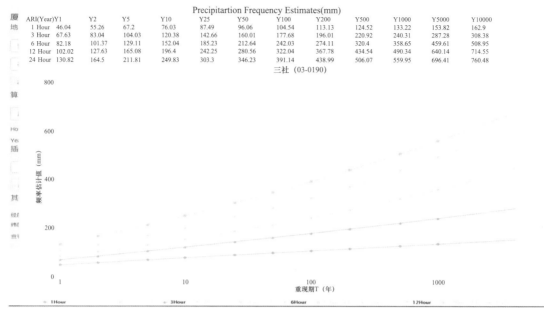

ARI(Year)	Y1	Y2	Y5	Y10	Y25	Y50	Y100	Y200	Y500	Y1000	Y5000	Y10000
1 Hour	46.04	55.26	67.2	76.03	87.49	96.06	104.54	113.13	124.52	133.22	153.82	162.9
3 Hour	67.63	83.04	104.03	120.38	142.66	160.01	177.68	196.01	220.92	240.31	287.28	308.38
6 Hour	82.18	101.37	129.11	152.04	185.23	212.64	242.03	274.11	320.4	358.65	459.61	508.95
12 Hour	102.02	127.63	165.08	196.4	242.25	280.56	322.04	367.78	434.54	490.34	640.14	714.55
24 Hour	130.82	164.5	211.81	249.83	303.3	346.23	391.14	438.99	506.07	559.95	696.41	760.48

图 6-2　厦门地区降雨频率分析信息平台降雨频率分析

　　平台可实现暴雨高风险区的识别。在地图左边的"地图功能"部分点击激活"在地图上显示插值数据底图"按钮，再在"算法"部分选择插值方法，设计时段可选择"1Hours""3Hours""6Hours""12Hours"和"24Hours"，重现期选择"10years"即可得到厦门地区以 1 ～ 24h 为时段的 10 年一遇高风险区划图（图 6-3）。

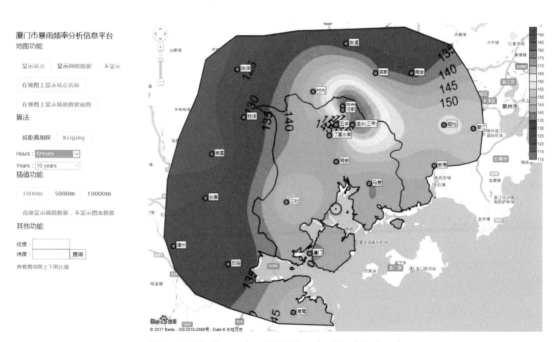

图 6-3　厦门地区 10 年一遇暴雨高风险区划示意图（6h）

通过运用空间插值方法得到的暴雨高风险区划图，可以分析出降水频率估计值的高低，图中显示的等值线进一步显示了不同级别暴雨风险的区域。从不同时段的结果分析得出，厦门地区北边山区为暴雨高风险区。因中部地区降水估计值较大，所以判定该地区是暴雨高风险区。

6.2　暴雨强度公式修订研究

城市暴雨强度公式是解决城市内涝方案设计和计算的重要依据，厦门暴雨强度公式存在下述问题：

（1）编制资料久远。厦门暴雨强度公式是 1992 年编制完成的，采用 1954—1989 年共计 36 年的暴雨资料，至今已有 20 余年。

（2）重现期标准偏低。目前现行标准的编制一般采用 0.25a、0.33a、0.5a、1a、2a、3a、5a、10a 等 8 个重现期进行分析，设计标准偏低。根据我国城市化、现代化发展的实际需要，重现期扩大到 2 ～ 100a 较适宜，但重点为 20a 以下的重现期雨强分析。

（3）时段的短缺。当汇水面积较大时，所取的降雨历时较长，按现行公式计算得出的下游管段的设计流量会出现较大的偏差。现行标准规定了 5min、10min、15min、20min、30min、45min、60min、90min、120min 共计 9 个时段，这不能适应城市规模不断扩大的实际需求。此外，也无法为城市暴雨期间校核积水、退水时间分析提供详尽科学的技术参数。

厦门市校核修订了暴雨强度公式，形成了厦门市标准化指导性技术文件《暴雨强度公式与设计暴雨雨型》（DB 3502/2 047–2018）：

短历时：
$$q=\frac{928.15\times(1+0.716LgP)}{(t+4.4)^{0.535}} \tag{6-1}$$

长历时：
$$q=\frac{1123.95\times(1+0.759LgP)}{(t+6.3)^{0.582}} \tag{6-2}$$

式中：P——重现期，一般地区 3 年，重要地区 5 ～ 10 年，下穿通道 50 年一遇；t——降雨历时（min）。

6.3　下垫面研究

下垫面对于地表径流的产生具有重要作用，对下垫面的详细调查与研究是海绵城市建设必不可少的内容，是决定海绵城市建设的适宜性、年径流总量控制率目标设定和海绵设施选取的重要因素。

翔安新城海绵城市示范区是厦门市建设海绵城市选取的两个示范区之一，针对翔安海绵城市示范区域内 15 个海绵城市建设管理单元，遴选 40 个具有代表性的测点，开展在 3 种不同土壤初始含水率条件下的下渗能力现场试验研究，获得各测点的稳定下渗能力（图 6-4）。

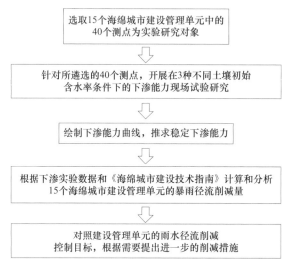

图 6-4　项目研究技术路线图

结果表明，土壤下渗速率呈现初始下降快后趋于平缓达到稳定下渗率的规律，土壤稳定下渗率与土壤初始含水率无关，与土壤特性有关。40 个测点的平均稳定下渗率为 57.5mm/h，最大值为 300mm/h，最小值为 6.8mm/h。农田的平均稳定下渗率最高，达到 133.2mm/h；裸地最低，仅为 16.5mm/h；绿化带与绿地的稳定下渗率大体相当，绿化带为 45.3mm/h，绿地为 39.1mm/h，两者平均为 42.2mm/h。

根据《翔安新城试点区域海绵城市建设实施方案》所制定的 15 个控制单元的用地面积、绿地率等控制指标，以及《厦门市海绵城市建设技术规范（试行）》所要求的绿地下沉比例的最低限度，估算了 15 个控制单元的绿地下沉面积，并采用 40 个测点的平均稳定下渗率 57.5mm/h 进行广义的下沉式绿地的渗透量计算。结果表明，15 个控制单元的下沉绿地渗透总量为 272685m³。

根据《翔安新城试点区域海绵城市建设实施方案》所规划的用地面积、建筑密度、硬化地面率、市政道路面积，以及各控制单元蓄水总容积等控制指标，再根据《厦门市海绵城市建设技术规范（试行）》所要求的透水铺装最低比例、绿色屋顶最低覆盖率的要求，进一步估算各控制单元透水路面的渗透量、绿色屋顶的径流削减量。最后，汇总下沉式绿地的渗透量与《翔安新城试点区域海绵城市建设实施方案》所规划的各控制单元蓄水设施的蓄水容积，估算出广义的下沉式绿地、透水路面、绿色屋顶、蓄水设施共四大类 LID 设施所能削减的雨水径流总量。结果表明，15 个控制单元其四大类 LID 设施所能削减的雨水径流总量共计 580478m^3。其中，下沉绿地渗透总量占削减总量的 47%，为 272685m^3；绿色屋顶占削减总量的比例最小，仅占 3.6%，为 20834m^3。

估算无 LID 设施时设计降雨所产生的径流总量，并与各控制单元采用各类 LID 技术措施后，LID 对雨水径流的削减总量进行比较，从而计算出年径流控制率目标的达成度。结果表明：15 个控制单元其年径流总量控制率目标达成度均在 100% 以上，平均目标达成度为 132.7%，对各控制单元的目标达成度也进行了具体分析。

虽然按照试点区现场测得的各类地表稳定下渗率的平均值 进行估算，各控制单元可 100% 实现年径流总量控制率目标，但该稳定下渗率是试点区全区域的平均值。实地调查发现，翔安新城海绵城市建设试点区中不同下垫面稳定下渗率因各地植被覆盖情况不同、土质构成与疏松程度不同存在较大的空间异质性。就试点区全区域而言，实际稳定下渗率平均值大于全区满足控制率目标所需的最小平均稳定下渗率，超出值为 29.0mm/h。但就局部的控制单元而言，8 个单元实际稳定下渗率平均值达不到这些单元各自满足控制率目标所需的最小下渗率要求，5 个控制单元的下渗性能较好，比所需的最小下渗率大了 54.3 ~ 134.3mm/h，2 个控制单元渗透性能为试点区全区的平均水平。

6.4 雨水径流污染研究

明确翔安海绵城市建设示范区域内各种用地类型的片区，在降雨初期与后期其地表雨水径流的水质污染情况，可对翔安海绵城市试点建设区提供 LID 技术措施规划设计的依据。

针对翔安海绵城市试点建设区土地利用规划图上的各种用地类型，通过现场勘查，遴选各用地类型的采样点，针对 1 ~ 3 场不同的降雨强度，采集地表径流水样，进行 pH 值，SS，COD，BOD，总磷，总氮，氨氮，大肠菌群，Pb，Cd，Cr，Zn，Cu，Se，As 等常规水质指标检测，从而明确试点建设区各管理单元雨水径流的污染程度。并对比各类地表水的水质指标，分析超标的水质指标并提出相应的措施加以解决。

分析发现 COD、TP、TN 污染物浓度与 SS 含量均有较好的相关性，其中，COD 与 SS 的相关系数为 0.9075，TP 与 SS 的相关系数为 0.8221，TN 与 SS 的相关系数为 0.8153，相关系数均超过了 0.8。而其他指标的污染物浓度则与 SS 含量没有较好的相关性。此外，通过元素的相关性分析得出重金属元素 Cu、Zn、As、Cr 呈现较高的相关性，说明 Cu、Zn、As、Cr 重金属污染具有同源性。

6.5 模型参数属地化研究

模型是研究城市径流的重要辅助手段，对海绵城市建设的效果评价起到支撑作用。SWMM（Storm Water Management Model，暴雨洪水管理模型）是动态的降水—径流模拟模型，被广泛应用于城市地区的暴雨洪水、合流式下水道、排污管道以及其他排水系统的规划、分析和设计，可为海绵城市建设的模拟和评估提供支撑。模型参数的敏感性和参数属地化研究影响着模型结果的可靠性。

6.5.1 参数敏感性分析

通过模型结合 Morris 敏感性分析方法，得到不同 LID 设施参数对应的敏感性指数，从峰值流量、峰值延迟时间、总出流量三个方面综合评估了各个海绵系数的参数敏感性（以"总体参数敏感性"分析结果为依据），结果见表 6-1。

各类 LID 设施模型参数敏感性汇总表　　　　表 6-1

	参数所在层	参数	生物滞留池	透水铺装	绿色屋顶	植草沟
纵向参数	surface	植物容积	低	无	低	中
		粗糙系数	中	高	中	高
	soil	导水率	高	高	高	无
		土壤孔隙率	低	低	低	无
		田间持水能力	低	低	中	无
		导水率坡度	低	低	低	无
		凋萎点	中	低	低	无
		吸入水头	低	低	低	无

续表

参数所在层		参数	生物滞留池	透水铺装	绿色屋顶	植草沟
纵向参数	underdrain	排放指数	中	低	无	无
	drainage mat	排水垫孔隙率	无	无	低	无
		排水垫粗糙系数	无	无	低	无
横向参数		初始土壤饱和度	中	低	高	低

通过本次的敏感性分析，精确识别了 SWMM 模型中 LID 设施的参数敏感因素，可为各地市的海绵城市属地化模型参数确定提供参考依据。

6.5.2　参数属地化研究

通过现场观测、海绵单体模型参数敏感性测试及模型建立和率定，对四类海绵设施的各个相关参数进行属地化研究，给出各个参数在厦门市的海绵建设中适用的范围区间，最终可以为其他厦门海绵城市项目在建立模型时选取合适的参数，完成模型分析提供参考。四类海绵设施各个模型参数的推荐范围见表 6-2。

海绵模型参数推荐范围表　　　　　　　表 6-2

参数所在层		参数	单位	参数推荐范围			
				生物滞留池	透水铺装	绿色屋顶	植草沟
纵向参数	表面层	植物容积	—	0～0.2		0～0.2	0～0.2
		糙率	—	0.15～0.41	0.011～0.024	0.15～0.41	0.2～0.3
	土壤层	导水率	mm/hr	1～93	＞120	55～108	
		土壤孔隙度	—	0.43～0.5	0.437	0.43～0.5	
		田间持水力	—	0.06～0.2	＜0.06	0.06～0.2	
		导水率坡度	—	30～60	30～60	30～60	
		凋萎系数	—	0.02～0.12	＜0.02	0.02～0.12	
		吸水头	mm	50～110	＜49	50～110	
	排水层	排放指数	—	0.5	0.5		
	排水垫层	排水垫孔隙率	—			0.5～0.6	
		排水垫糙率	—			0.1～0.4	
横向参数		初始土壤饱和度	%	0～100	0	0～100	0

由于设施的部分参数是设计值，故不对它们进行参数取值范围推荐，这些设计值的参数包含：表面层下凹深度、表面坡度、植草沟边坡、透

水铺装厚度、透水铺装渗透速率、透水铺装孔隙率、透水铺装堵塞系数、土壤层厚度、储蓄层厚度、储蓄层孔隙度、储蓄层渗漏速率、储蓄层堵塞系数、排水层的排放系数、排水盲管偏移高度、海绵设施单体个数、海绵设施单体面积和海绵设施处理不透水表面的比例。

6.6 本地植物适宜性研究

海绵设施中的植物选取影响着海绵设施的效率和维护管养成本，本地植物在效率、资金以及生态安全方面都有着相对的优势，在选取植物时，应优先考虑。海绵城市建设对海绵设施中本地植物的适宜性研究提出了要求。

厦门市对夹竹桃、芦竹、棕榈、鸡蛋花、散沫花、散尾葵、榕树、米兰、含笑、鹅掌柴、龙眼、番石榴、三角梅、桑树和金边假连翘共15种木本植物的耐涝等级进行了评估。同时研究了这15种植物对污染的净化能力，获得15种植物对各项水质指标含量的去除率，包括营养物质（氨氮、总磷、总氮）、COD、重金属（Cu、Zn、As、Se、Cr、Cd）。

研究发现15种植物对雨水径流中的营养物质、COD、重金属含量等均具有一定的去除效果。对营养物质含量的平均去除效果差异较大。平均去除率最大的是鹅掌柴，达到76.3%；最小的是含笑，仅为28.2%。15种植物对营养物质含量的平均去除效果由大到小排序是：鹅掌柴＞散沫花＞散尾葵＞龙眼＞棕榈＞米兰＞榕树＞芦竹＞三角梅＞金边假连翘＞鸡蛋花＞番石榴＞桑树＞夹竹桃＞含笑。

15种植物对COD的平均去除效果差异也较大，平均去除率最大的是榕树，达到86.6%；最小的是含笑，仅为28.1%。15种植物对COD含量的平均去除效果由大到小排序是：榕树＞三角梅＞芦竹＞棕榈＞鹅掌柴＞桑树＞龙眼＞金边假连翘＞夹竹桃＞散沫花＞散尾葵＞番石榴＞米兰＞鸡蛋花＞含笑。

15种植物对重金属的平均去除效果差异不大，平均去除率最大的是米兰，达到69.2%，最小的是三角梅，为45.4%。除三角梅之外，其他14种植物对重金属的平均去除率均超过50%，说明该些植物对重金属均具有良好的去除效果。

第7章　海绵城市建设的信息化管控平台

在信息化管理方面，为科学、有效的指导厦门市海绵城市建设，厦门市于2016年开展厦门市海绵城市信息化管控平台（以下简称"平台"）建设，通过综合运用在线监测、GIS、排水模型等先进技术，为海绵城市建设与管理提供了现代化的技术手段，为建设智慧城市、智能管理城市水务进行了有益的探索和实践，是对国家海绵城市试点要 "采取有效措施加强能力建设"并"建立有效的暴雨内涝监测预警体系"要求的积极响应。

7.1　平台建设历程

厦门市在海绵城市建设工作中发现存在项目繁多、不能统一有效的把控管理，对现行采用的海绵城市技术措施和实际建成效果无法有效评定，缺乏一个综合的管理平台实现内涝风险预报以及综合运行调度等问题。因此，为科学、有效的指导厦门市海绵城市建设，厦门市于2016年开展相关建设工作，力求建立高效、规范、科学的海绵城市管控平台，助力试点工作，提高城市管理水平。具体建设过程如图7-1所示。

图7-1　厦门市海绵城市管控平台建设重要节点

虽然平台的建设起步较晚，但推进快、功能需求考虑较为完善，涵盖了运行监督、考核评估、建设管控和风险预警等方面。建设过程中克服了监测设备适用性、数据采集准确性和数据传输稳定性等问题。在线监测点位采用按需布点、轮动布置的方式，提高了设备的使用率，节约了管控平台的建设投资。2018年该管控平台项目被住房和城乡建设部列入研究开发类科学技术项目。平台运行以来在辅助决策、辅助审批和辅助管理方面发挥了重大作用。

7.2　平台功能分析

7.2.1　运行监督

通过对源头设施—建设项目—排水分区三个层级进行降雨、径流的监测，为数字化管控平台的建立提供可靠的动态监测数据；通过在管网关键节点及入河口前端安装水量和水质监测设备，对雨污混接、污水溢流、夜间偷排和城市面源污染控制进行监管。为提高规划设计的客观准确性、排水管网日常管理、重大工程决策提供数据支撑。实现在排水管网管理工作中"用数据说话、用数据决策、用数据管理、用数据创新"的要求。

7.2.2　考核评估

借助厦门市海绵城市信息化管控平台，获取必要的过程监测数据，支撑海绵建设评估，推动科学研究和工程实践的结合，从而为今后的建设提供参考。

平台以《考核办法》中的考核指标为核心，构建了厦门市海绵城市效果评价系统。主要以排口、管道流量、液位数据、河道断面水质、雨水收集利用量等一系列数据为支撑，以监测、人工填报、系统记录相集合的方式，识别排水防涝设施的运行规律，定量化评估海绵城市、黑臭水体、排水防涝等相关工程的实施效果。绩效评价与考核指标分为水生态、水环境、水资源、水安全、制度建设及执行情况、显示度等6个方面，对海绵建设的关键性指标，如年径流总量控制率、城市面源污染均应以翔实的监测数据为基础进行定量化考核。

7.2.3　建设管控

借助平台对厦门市海绵城市建设过程实行统一化、标准化的全生命周期管理。平台可作为海绵城市建设运营的基础支撑，记录规划设计—施工建设—运营管理的全过程信息，自下而上动态统计分析项目量，动态计算总体控制指标达标情况，实现规划目标由上而下的分解到项目实施情况由下而上的反馈，从而探索海绵城市建设的长效管控机制，科学有序地推进厦门海绵城市建设，为厦门城市建设的长远发展提供良好的支撑。

7.2.4 风险预警

建立城市内涝预警系统，监测排水系统的长期运行规律，定量化分析城市积水风险，科学评估内涝风险及应对措施。通过搭建城市排水模型，结合降雨预报和实时监测，在雨天对积水和内涝风险进行动态的预警和报警，大幅提高城市应对排水内涝事件的信息化管理能力。

7.3 平台系统架构

平台的总体建设框架分为基础层、数据层、支撑层和应用层四个部分（图7-2）。

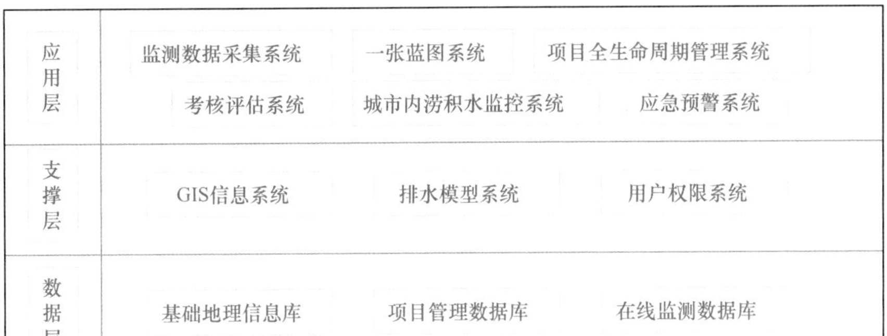

应用层	监测数据采集系统	一张蓝图系统	项目全生命周期管理系统
	考核评估系统	城市内涝积水监控系统	应急预警系统
支撑层	GIS信息系统	排水模型系统	用户权限系统
数据层	基础地理信息库	项目管理数据库	在线监测数据库
基础层	服务器　在线监测设备　网络设备　PC终端　智能手机		

图 7-2 系统总体架构

7.3.1 基础层

基础层作为厦门市海绵城市信息化管控平台正常运行的基本保障，主要包括数据服务器、应用服务器、在线监测设备、网络设备。通过在线监测网络的建设，可实现雨量、液位、流量、DO/SS等数据的现场实时采集与传输，测点布局根据数据需求分为长期和短期两类。对主要水体同时辅以人工水质监测，指标涵盖pH值、氧化还原电位、透明度、溶解氧、COD、SS、氨氮、总磷、总氮等（图7-3）。

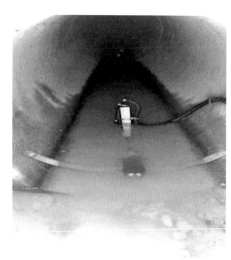

图7-3　在线监测设备安装图

7.3.2　数据层

数据层承载了所有海绵城市建设项目的在线监测数据、图形与地图数据、运行管理数据、统计数据，主要包括管道排口的流量和液位数据、河道断面水质数据、历史积水点数据、雨水收集利用数据、地下水位数据以及气象数据等。管控平台对项目建设所需的各类数据进行统一的存储和管理，以应对各类数据需求和系统需求。

7.3.3　支撑层

支撑层为平台系统的运行提供支撑，主要包括GIS系统、排水模型系统、用户权限系统等。GIS系统可对具备空间信息的复杂数据进行管理和效果展示。排水模型系统可对海绵城市的建设效果进行评估，通过在线监测数据的率定不断提高模型的准确度，还可通过模型结合气象预报对内涝风险进行预警预报。用户权限系统实现对软件系统整体运行环境、初始化配置、角色权限等的统一管理，维护系统的安全性和稳定性。

7.3.4　应用层

根据厦门市海绵城市建设的工作需求，信息化管控平台的应用系统包括监测数据采集系统、一张蓝图管理系统、项目管理系统、考核评估系统、城市内涝积水监控系统、应急预警系统和用户权限管理系统共七个子系统（图7-4）。

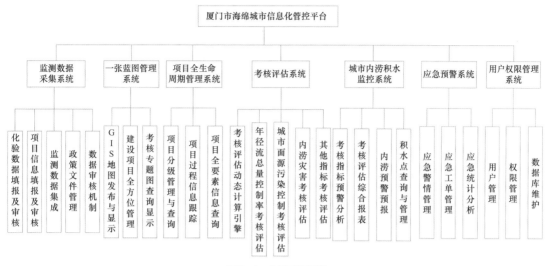

图 7-4 应用系统框架

7.4 平台的应用

7.4.1 对应考核要求，全面展示试点成效

平台细化、分解了住房和城乡建设部颁布执行的《考核办法》中的考核评估办法，对其中的 18 项指标体系结合《厦门市马銮湾国家海绵城市建设试点实施方案》和《翔安新城试点区域海绵城市建设实施方案与行动计划》的具体内容进行逐一分析，特别是对其中年径流总量控制率、城市热岛效应、水环境质量、城市面源污染控制、城市暴雨内涝灾害等定量化考核指标的数据需求进行分析识别，构建科学、真实、系统、完整的考核评估指标体系，明确考核指标数据来源、数据获取方式、计算方法，综合监测数据、模拟数据、填报数据、集成数据等，客观地评估海绵城市在"水生态、水环境、水资源、水安全"等方面的定量化改善效果。

7.4.2 构建监测体系，实现常态数据采集

平台包含了液位、流量、悬浮物、溶解氧、雨量等多指标的在线监测，构建了分层、分类、分区的在线监测与人工采样、化验结合的综合监测体系。截至目前，海沧马銮湾试点区和翔安试点区内具备安装条件的 237 个点位已全部安装到位，积累了近 13 个月的液位、流量、SS 和 DO 数据。人工地表采样工作也已完成 13 批次。采集的数据除了服务于海绵城市试点建设评估以外还应用于多方面工作：

（1）项目考核。例如长庚医院PPP建设项目，政府与PPP建设运营单位制定了明确的考核目标，并根据实际建设运营的效果进行付费。（2）方案编制。例如依托新阳排洪渠、环湾南溪沿线排口积累的在线监测数据，对水环境整治工程进行建模比选，制定和优化设计方案。（3）属地化参数研究。平台又选取了试点区内较为典型的项目及LID设施，对运行效果进行长期监测、分析规律为方案设计单位提供一套厦门本地的海绵设施模型参数。（4）结合人工监测的数据成果，为微生物的净化规律、种群规律，渗透铺装的衰减规律等研究提供实验基础（图7-5、图7-6）。

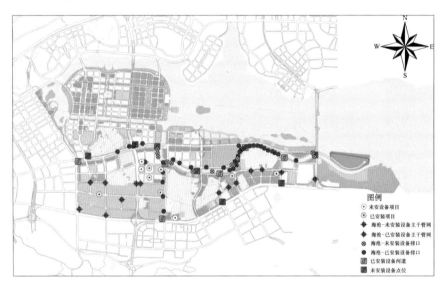

图7-5 监测设备布点图

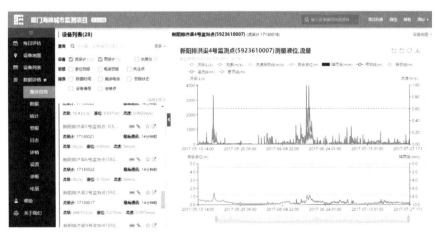

图7-6 典型监测点实时数据

7.4.3 搭建数字模型，科学指导规划设计

平台严格按照城市实体空间建立数字空间，搭建了水安全、水环境

模型，对各重点建设区的海绵城市建设从规划、设计层面进行科学指导。城市建成区重点对黑臭水体的水质、内涝风险点的积水情况进行数字模拟。城市新区主要涵盖对各汇水和排水分区的效果评估，对典型设施、典型项目的排水模拟可以为方案评估和设计参数的选取提供参考。此外，还叠加海绵城市建设配套项目进展、计划及实时监测数据，反推海绵城市建设指标及目标的可达性，动态调整项目管控指标和片区海绵城市建设计划（图 7-7，图 7-8）。

图 7-7 马銮湾试点区径流控制模拟

图 7-8 马銮湾试点区内涝防治模拟

7.4.4　衔接多规平台，对项目全周期管控

平台的项目全生命周期管理系统将海绵建设项目分为规划设计—施工建设—运营管理三个阶段，分别由建设项目业主、建设单位、维护单位负责相关信息的填报和更新。平台上可以实现设计审查、建设管理、运维评价等功能。

在规划阶段，平台已全面接入厦门市多规合一建管系统，根据《厦门市海绵城市建设管理办法》，全市新、改、扩建海绵城市建设项目在工程规划许可证的申请阶段，需同步报送海绵城市建设方案，由市海绵城市工程技术中心出具联合技术指导意见。海绵城市建设项目上报市多规合一平台时，将同步推送该项目至海绵城市管控平台，市海绵中心在管控平台上对海绵方案进行评估并上传技术指导意见，规划委、住房城乡建设局等行政审批部门将参考海绵技术指导意见进行行政审批（图7-9）。

图7-9　海绵城市方案审批界面

在建设阶段，建设管理部门可以通过分级权限，对建设项目的工程进度以及实施人员进行有效管理。在后期的运营维护阶段，运营维护单位及时录入设施的维护信息，明晰权责，确保海绵城市可以通过长期的有效运维发挥相应的作用。

通过平台，厦门市共排查整改已建海绵工程项目28个，并多次对新阳排洪渠流域内的异常污染源入流进行溯源排查，为行政执法管理部门提供了有力的依据。目前，正在围绕新阳排洪渠流域搭建涵盖城建、水务、水利、海洋等多部门的联调联动网络，实现市政管网、调蓄池、污水泵站、排洪渠和马銮湾的水位数据实时共享，闸门、水泵实现联调联动、系统

管理（图 7-10）。

图 7-10　厦门市海绵城市项目管理平台

7.4.5　联合气象部门，实现内涝风险预报

平台通过片区的排水管网及二维地面模型，采用在线监测数据对模型进行精细的参数率定。根据气象部门提供的逐 2 个小时降雨量预测，对模型进行动态的运行。预测的地面积水情况可实时展现在管控平台上，供交通管理部门、城市排水管理部门、防汛部门提前进行暴雨的运行调度和辅助决策，并在重大气象灾害来临前确定最优的应急处置方案，对事件的发展趋势进行跟踪。同时，平台还可联动气象部门及防汛部门，向市民推送实现基于 LBS（位置服务）的城市排水内涝预警预报，市民可以通过关注微信查询城市内涝预警预报的详情信息（图 7-11、图 7-12）。

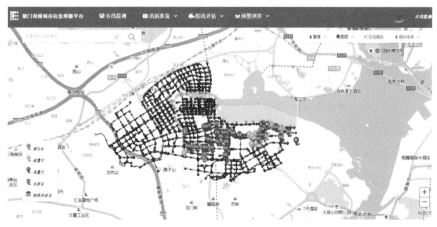

图 7-11　厦门海绵城市应急预警平台

图 7-12　厦门市海绵城市管控平台手机端

7.5　平台建设经验及展望

7.5.1　设备布点经济性

目前平台在线监测点位主要采用按需布点、轮动布置的方式。典型排口及项目在积累一段时间的在线监测数据后，若项目运行效果良好，数据可靠稳定，就将此类点位的设备迁移到新建项目的点位上，这样可以节约管控平台的建设投资，提高设备的使用率。按照在线监测设备按需轮换的安装原则，管控平台制定了专门的资产管理制度，并为每台设备标识唯一的二维码和识别号。通过扫描设备二维码，可以查看该设备的点位及安装信息，并能够在监测平台上查阅该设备的历史安装、维护、监测数据等。

7.5.2　监测设备适用性

问题一：DO 监测仪出现短历时连续波动且波动幅度较大，部分甚至出现过高于正常情况下的饱和溶解氧值，最高监测值甚至大于 30。主要原因是设备安装在岸边，水质较不稳定，且常被淤泥包裹，探头自清洁的吹扫功率不够。解决方案是换用大功率的自清洁探头，同时捆绑于浮标上并布置在河道断面中央。

问题二：流量计探头粗大，小流量时无法监测到数据，涨潮河段流量计读数无法显示水流方向。常规的流量计、液位计的安装方式会出现小流量、小液位的数据测不准、测不到的问题。项目实施过程中对 LID 监测点位进行适当改造，采用预制的三角堰进行集水，并选取精度较高的液位计进行液位测量，推算设施的进出流速，进而得出较为准确的 LID 监测数据。同时，对所有流量计的电路进行改造升级，增加流速方向识别功能。

7.5.3 数据采集准确性

问题一：在线监测流量计出现监测出流量过大，甚至到达设备测量极值的情况。个别站点液位有明显波动变化，但流量值一直为零。针对以上问题重点排查了周边是否有电磁高压干扰，设备是否被淤泥和垃圾掩埋等情况，通过软件抗干扰优化和现场清扫来解决。

问题二：水质监测设备采集的 SS 数据与降雨数据的变化不存在任何关联规律。无水情况下，测量值不为零且有波动。降雨期间测量值在相当长的时间保持恒定不变，不符合实际情况。经分析后发现，目前国内外使用的在线 SS 监测探头实际上测得的是光通量，以 NTU 为单位，在单一性质的水环境下与 SS 可能存在一定的对应关系，但是在试点区雨污混杂的工况条件下只能显示水样的浑浊程度，与 SS 的相关性无法确定。为此，建议采集的数据只做趋势定性分析，不做污染定量分析，水体 SS 指标应采用人工检测的方式。

7.5.4 数据传输稳定性

问题一：在线设备整体掉线率过高，数据掉包时有发生，恢复通信后补录数据异常。例如，断线的雨量计记录的监测值与其他设备差异较大，其原因有两种：一种是供电导致的掉线，在软硬件升级的基础上可以将采集频次降低，由 2 分钟一次延长至 5 分钟一次，并且一次发送 5 条来降低功耗；另一种是设备通讯卡氧化导致的掉线，可改用贴片卡。

问题二：探头损坏判断机制不完善。如果采用人工巡查无法第一时间发现，容易因延误修复更换而失去宝贵的数据。因此，需在设备损坏或通讯故障时发送无效值，例如 -9999.999，起到自动报警的作用。

7.5.5 数据之间的匹配

个别项目监测到的排口流量大于降雨量。除了设备问题以外，还可能是因为雨量计分布比较稀松，监测值与其他设备所在地降雨之间存在偏差导致。为了保障数据采集时空的一致性，我们在典型设施和典型地块中同时布置了雨量计和流量计。

　　下一步厦门市还将拓展平台的功能，在综合在线监测、数学模型、地理信息系统等先进技术的基础上，结合物联网、大数据，实现城市排水系统的联调联动，为城建、水务、水利、海洋部门数据共享、事务共管提供工作平台，助力提高排水管理部门的科学管理与决策水平。

第8章 海绵城市建设的实践案例

厦门市在全市范围实施海绵城市建设的基础上，选取了水环境整治需求迫切的海沧马銮湾片区，以及近期计划快速启动开发建设的翔安新城片区作为厦门市国家海绵城市建设试点区，以积累海绵城市建设经验。

试点区总面积达 35.4km²，其中海沧马銮湾片区面积 20km²，翔安新城片区面积 15.4km²。

8.1 马銮湾试点区——建成区实践

海沧马銮湾试点区面积为 20km²，位于厦门市海沧区北部，南侧为蔡尖尾山和文圃山，东侧和北侧为马銮湾海域。试点区现状开发强度较大，以工业用地、城中村建设用地为主，现状存在 7 处易涝点，主要为村庄积涝区域。还存在 1 处黑臭水体，为新阳主排洪渠（图 8-1）。

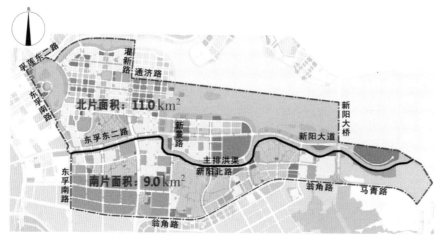

图 8-1 马銮湾试点区范围示意图

海沧马銮湾试点建设的目的在于解决长期困扰城市发展的内涝问题和水环境问题。不同于以往传统的局部管网改造方法，从全流域、系统的角度解决建成区的内涝与水体黑臭问题，是马銮湾试点区海绵城市建设的首要目标。

8.1.1 试点区基本情况

1. 基本情况

试点区属于平原台地，基本地势为南高北低，地势从南侧和西侧向马銮湾水域倾斜下降。高程在 0 ～ 30m 之间，坡度小于 6°。北部和西北部大部分地区为滨水地带，高程低于马銮湾纳潮控制最高水位 3.56m，主要作为虾池鱼塘。范围内上层填土渗透性良好，下层黏土、淤泥渗透性较差，地下潜水位较高，沿湾地区地下水位高于南部地势较高地区，受降雨影响明显，大部分地区地下水埋深为 0.5 ～ 5.5m。试点区属南亚热带海洋性季风气候，主导风向为东北风，夏季以东南风为主，温和多雨。多年平均降雨量 1427.9mm，年最大降雨量 1998.8mm，年最小降雨量 892.5mm，场均降雨量为 90.1mm，年平均暴雨日数 4.4 天。

试点区南片区为建成区，开发强度高，工业企业和城中村较多。北片区现状除长庚医院、鼎美村、后柯村、芸美村外，其他区域均未开发。试点区现状建设用地面积 8.63km²，规划建设用地面积 16.23km²。现状建设用地以城中村和工业用地为主，其中城中村 3.11km²，占 15.15%；工业用地 1.99km²，占 9.69%（图 8-2）。

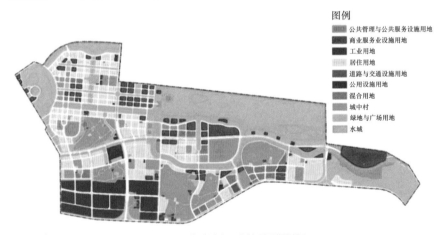

图例
■ 公共管理与公共服务设施用地
■ 商业服务业设施用地
■ 工业用地
■ 居住用地
■ 道路与交通设施用地
■ 公用设施用地
■ 混合用地
■ 城中村
■ 绿地与广场用地
■ 水城

图 8-2 马銮湾试点区土地利用规划图

2. 存在问题

（1）新阳主排洪渠水体呈黑臭状况

马銮湾试点区内整体水环境质量较差，除北引左干渠支渠为Ⅳ类水体外，大部分河道水体为劣Ⅴ类水质。特别是新阳主排洪渠，海绵城市试点建设前，河道内水体主要为周边城中村与企业排放的污水。2015 年4 月水质监测结果显示，河道化学需氧量 227mg/L、总氮 44.8mg/L、总磷

5.43mg/L，其水体黑臭特征明显，周边居民和企业将新阳主排洪渠戏称为"黑龙江"（图8-3）。

图8-3 治理前的新阳主排洪渠严重的污染状况

马銮湾新阳主排洪渠水体黑臭成因主要包括3个方面：① 流域范围内城中村排水基本为合流制，且人口密度较大，造成了大量生活污水直排或溢流进入河道，是流域内主要污染源；② 新阳排洪渠范围内工业、企业众多，工厂生活污水混接、漏排对河道水质造成了严重的影响；③ 城中村垃圾堆积、工厂企业硬化比例较大等带来的面源污染也是重要的污染来源之一，加剧了河道水质恶化。

经测算，新阳主排洪渠现状污染负荷贡献以直排污染负荷比重最大，为1591.84t/y，占41.38%；混接污染负荷比重其次，为1459.53t/y，占37.68%；分流制混接再次，为1449.44t/y，占37.68%；合流制溢流为129.44t/y，占3.37%；内源污染为4.56t/y，占0.12%。

（2）部分城中村局部内涝问题突出

海沧每年都会遭受不同强度的台风。台风过境时，短历时暴雨强度极大。目前，马銮湾试点区内尚有大量城中村，城中村排水系统不完善，暴雨时极易发生内涝。现场调查与模型模拟结果显示，海沧马銮湾试点区内共有内涝点7处，分别为：西园村、芸美村、后柯村、惠佐村、新垵村西侧、新垵村北侧及霞阳村西侧，内涝问题影响附近居民出行（图8-4、图8-5）。

城中村局部内涝成因包括外部原因和内部原因。外部原因方面，上游防洪工程体系不完善，河道防洪工程建设不统一。下游地势低洼，易受海潮顶托影响，导致部分沿岸地势较低的村庄易发生洪涝灾害；内部原因方面，随着试点区不断发展，城市下垫面硬化程度逐年提高，降雨径流量加大。城市排水管网建设标准偏低，试点区69.22%的雨水管网排水能力小于1年一遇，且下游地势平坦、缺乏有效的行泄通道。

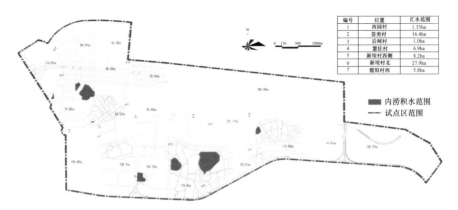

编号	位置	汇水范围
1	西园村	1.35ha
2	荟美村	16.4ha
3	后柯村	1.0ha
4	慧佐村	6.9ha
5	新坡村西侧	8.2ha
6	新坡村北	27.9ha
7	霞阳村西	5.8ha

■ 内涝积水范围
━ 试点区范围

图 8-4　海沧马銮湾试点区历史内涝点分布图

图 8-5　海沧马銮湾试点区内涝点现场照片

（3）马銮湾的无序侵占与生态退化

马銮湾原有海域面积约 22km²，1960 年马銮海堤建成后，马銮湾与西海域之间的水体交换功能完全受阻，成为相对封闭的水体。1984 年以来，马銮湾成为水产养殖基地，同时兼有排洪蓄洪功能，随着水产养殖的大规模发展，马銮湾的水域面积如今缩减至 4.5km² 左右（图 8-6）。

图 8-6　马銮湾试点区北部大量海域被鱼塘侵占

海域的无序侵占，一方面改变了海湾原有的自然循环流动，形成大面积水流死区，生态系统衰退，自净机能减弱；另一方面水产养殖业导致海湾污染，海湾水质存在明显恶化趋势。

8.1.2 试点区海绵城市建设目标与思路

1. 建设目标与指标

根据问题分析，确定建设的主要目标为根治新阳主排洪渠水体黑臭问题，消除城中村内涝积水点，恢复马銮湾水域及健康的水生态系统。其中，为解决新阳主排洪渠水体黑臭问题，提升试点区水环境质量，提出地表水体水质达标率和初雨污染控制指标；为解决城中村内涝积水问题，并保障区域行洪安全，提出内涝防治、防洪标准与防洪堤达标率三项指标；为解决马銮湾的无序侵占与生态退化问题，恢复区域健康的水生态系统，提出天然水域面积比例、生态岸线率与年径流总量控制率指标；为实现水资源集约利用，提出雨水资源利用率指标（表8-1）。

海沧马銮湾试点区海绵城市建设主要分项指标表　　　表8-1

目标分类	指标名称	指标要求
总体目标	年径流总量控制率	年径流总量控制率不小于70%（26.8mm）
水生态	生态岸线率	生态岸线率达60%
	天然水域面积比例	试点区域内的河湖、湿地、塘洼面积不减少
水环境	地表水体水质达标率	水质达标率90%以上，且优于海绵城市建设前
	初雨污染控制	径流污染TSS去除率达到45%以上
水资源	雨水资源利用率	年雨水利用量替代的自来水比例不低于3%
水安全	防洪标准	防洪标准达50年一遇
	防洪堤达标率	防洪堤达标率为100%
	内涝防治	内涝防治设计重现期为50年

2. 总体建设思路

海沧马銮湾试点区南部为工业企业及城中村密集的老区，海绵城市建设以问题为导向，重点解决新阳主排洪渠黑臭水体与城中村内涝问题。首先，对试点区域进行深度调研，明确主要问题，并对问题成因进行定量分析。其次，结合问题成因制定各分区源头减排—过程控制—系统治理综合工程体系，从控源截污、内源治理、生态修复、活水保质等方面制定水环境改善方案，从源头减排、排水管渠、排涝除险等方面制定水安全提升方案。最后，建立海绵城市工程体系，落实海绵城市设施布局（图8-7）。

图 8-7 马銮湾试点区南片区海绵城市建设技术路线

海沧马銮湾试点区北部为开发程度较低的新区，海绵城市建设以目标为导向，重点强化建设项目规划管控。一方面，保护天然水域、湿地等自然蓄滞空间，严格落实竖向控制要求，优化径流组织，保证排水安全；另一方面，确保各项海绵指标有效落实，提出保障地块"雨污分流"的规划指引，保证水质达标，从而综合实现区域雨水径流自然蓄滞净化（图 8-8）。

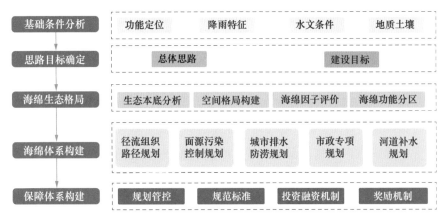

图 8-8 马銮湾试点区北片区海绵城市建设技术路线

3. 新阳主排洪渠治理方案

新阳主排洪渠治理的关键在于削减流域污染负荷、提高河道环境容

图 8-9 线新阳主排洪渠治理总体思路

量，实现污染负荷与环境容量的动态平衡。基于现状点源、面源、内源污染及河道环境容量平衡关系分析，制定分类减排目标：旱流污水全部截流、合流制溢流污染削减 90%、分流制面源污染削减 50%、内源污染有效控制。同时，通过河道生态建设将环境容量提高一倍，进而将污染负荷有效控制在环境容量范围以内，实现流域水系统的良性循环。根据上述思路，按照控源截污—内源治理—生态修复—活水提质的总体技术路线，遵循灰色基础设施与绿色基础设施相结合的原则，制定系统的新阳主排洪渠治理工程体系，多种措施协同推进，实现新阳主排洪渠水环境治理目标（图 8-9）。

根据流域点源、面源、内源污染的基本特征，采取分类治理策略。点源污染治理以灰色基础设施为主，重点对流域排水系统进行优化；面源污染治理以绿色基础设施为主，重点通过源头改造项目，削减径流面源污染；内源治理方面则需对污染河段进行清淤疏浚，从根本上解决河道内源污染问题。同时，通过生态修复与生态补水，提高河道环境容量。

4. 内涝点整治方案

基于马銮湾试点区内的现状易涝点问题成因分析，按照外部体系构建—内部体系构建—局部问题整治的总体思路制定内涝点的整治方案。

外部体系构建是针对规划区上有山洪、中有城市排水、下有海潮的特点，优化规划区的排涝水系。总体思路为：上蓄、中排、下调。水系建设包括：新阳主排洪渠、环湾南溪及马銮湾内湾清淤，提升行洪能力；马銮湾内湾水面清障，提高现有水面率；保留石井内水库、新桥水库、柯坑水库和度内水库，优化水库运行调度，提高调蓄能力，降低山洪风险。

内部体系构建包括源头减排和过程控制两部分。考虑内涝积水治理需求，在内涝点所在汇水分区设置下凹绿地、雨水花园、调蓄池等，从源头削减雨水径流量。根据对分区内项目地块绿化条件、竖向高程、居民需求等调研，初步确定试点区源头改造项目。马銮湾海绵城市建设试点区共布置源头海绵化改造项目 105 个，其中建筑小区 7 个、公建 9 个、工业企业 47 个、道路 37 个、公园绿地 4 个、PPP 项目 1 个。通过雨水行泄通道及雨水管网等过程控制措施，提高片区排水防涝能力。试点区主要雨水行泄通道共 3 条，包括新阳 1 号排洪渠、新阳 3 号排洪渠、新阳 5 号排洪渠。另外，满足竖向条件且位于涝水汇集路径的部分道路也作为临时超标雨水通道，在与受纳水体衔接处预留雨水出口，并进行临时交通管制。扩容改造惠佐路、新景西三路、霞阳路等道路雨水管道 670m。

局部问题整治基于模型评估结果，结合现状易涝点及风险点分布，对建成区雨水管网进行改造。改造工程汇总见表 8-2。

改造工程汇总表　　　　　　　　　　　　　　　　　　表 8-2

工程位置	工程内容
新坡村苏埭	改造 DN1500 钢筋混凝土管长约 500m。针对新坡村内现状淤积管道进行清理，清淤管道长度 14686m
新坡村邱埭	改造 DN1200 钢筋混凝土管长约 800m
惠佐村	惠佐村西北角 5.3m 处新建一座排涝泵站，总设计流量 Q = 5990m³/h
祥露村	西园路断头箱涵下游修建临时排水管，排水管沿现状村庄道路排往环湾南溪，共计钢筋混凝土雨水管 DN1000 约 588m
霞阳村	结合霞阳南路海绵改造，在道路上新增雨水篦 21 个，增设一个宽 0.6m、深 1.0m、长 8.5m 的排水沟和一个宽 0.3m、高 0.15m 的混凝土减速带拦水。新增污水管道 DN500 约 125m，改造雨水管 DN500 约 340m。针对霞阳村内现状淤积管道进行清理，清淤管道长度 6394km
霞阳社区	新增雨水管长度为 117.4m，管径 500mm，污水管长度 12.6m，管径 400mm
惠佐路	扩容改造 d600~d800 雨水管道 250m
新景西三路	扩容改造 d400~d600 雨水管道 70m
霞阳路	新建 d1000 雨水管道 350m

5. 北片区管控方案

试点区北片区开发程度较低，除长庚医院、鼎美村、后柯村、芸美村外，其他区域均未开发。针对未开发地块，海绵城市建设应以目标为导向，避免出现老城区面临的水环境、水安全、水生态等方面的问题。北片区重点强化规划管控，先梳山理水，再造地营城。首先，尊重自然生态本底，保护河、湖、湿地等自然调蓄空间，合理控制水面率，构建蓝绿交织的生态空间体系。其次，严格落实竖向管控，使场地和道路径流有组织地汇入自然调蓄空间，并设置超标雨水径流行泄通道，保障区域水安全。
最后，科学确定地块的指标和建设要求，合理控制地块开发强度，避免
过度开发带来的负面效应（图 8-10）。

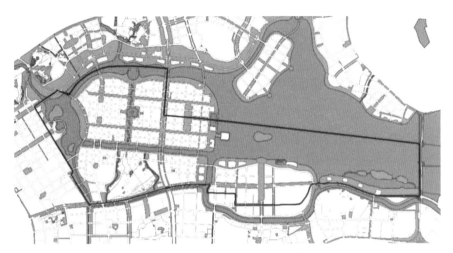

图 8-10 马銮湾汇水分区蓝绿线分布图

案例介绍——厦门烟厂西区海绵城市改造工程

1. 项目概况

烟厂西区位于海沧区灌新路和后祥路交叉口的西北角地块，厂区于
2003 年建成并投入使用，总占地面积 160500m²。厂区内主要建筑为动力
中心、生产车间、仓库和食堂等，1～5 层高，为陶瓷铺装外立面。建筑
屋面为混凝土平屋面（图 8-11）。

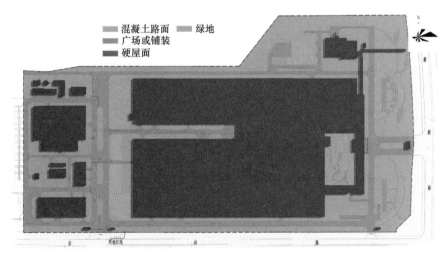

图 8-11 厦门烟厂西区下垫面图

2. 现状分析

（1）大：面积大，规模大，径流雨水量大，对雨水管网的排放造成压力，这在联合厂房尤为突出。（2）好：建筑质量较高，道路平整，绿化环境好，排水设施完善，雨污分流并有中水设施。（3）乱：地下管线种类多，有给水排水、电力、通信、消防、照明、热力、油管、动力、中水等，且多为生产用管线。

3. 建设需求

（1）年径流总量控制需求。（2）车辆进出频繁以及厂区生产等原因，地表径流污染相对较严重。（3）厂区道路主要为货车进出通道及消防车道，车行需求较大，且路面良好，不宜对路面作透水改造。（4）室外景观绿化长势良好，不需要大规模改造，但可根据海绵需求对景观绿化进行局部改造提升。（5）现状已建有较完善的再生水回用系统，现状再生水回用规模已满足现状厂区内日常需求。

4. 海绵设施建设

本项目主要通过雨水花园、下凹式绿地、绿色屋顶和除污雨水口等海绵设施实现雨水径流量和污染的控制。调蓄容积1977m³，年径流总量控制率达60.1%，径流污染物控制率达42.1%，工程投资为877.98万元（图8-12、图8-13）。

5. 经验总结

（1）对屋面虹吸内排水进行海绵改造，为今后大屋面压力流排水的断接改造提供借鉴和经验。（2）利用雨水模块替代下凹面蓄水空间，隐藏

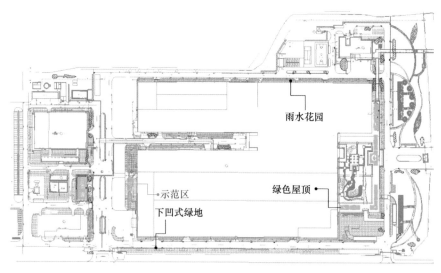

图8-12 海绵设施布局图

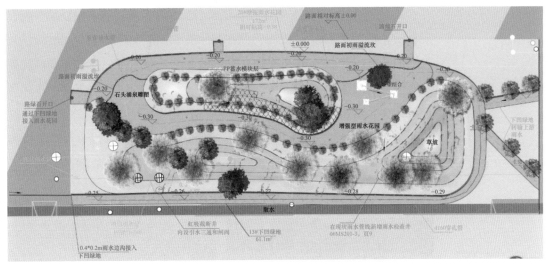

图 8-13 示范工程示意图

下凹面，"下凹面"上也可堆坡绿化，尤为房产项目提供借鉴。（3）微地形雨水花园，将开挖出的土方原地堆坡，塑造新地形，针对屋面雨水的下凹面也可以是堆出来的。（4）给常见 LID 设施美容，涌泉式出水口和雨水灌溢流井，为低影响开发设施与景观结合的方向提供思路。（5）未来运用 3D 打印技术，结合周边环境和企业文化来给 LID 设施定制设计和生产。

8.1.3 试点区建设进展及效果

海沧马銮湾试点区计划安排海绵项目 127 项，总投资 45.99 亿元。试点区试点期间累计改造建筑小区 7 个、工业厂房 47 个，显著改善了小区和厂区生活生产环境，4 万余居民和员工直接受益。区内 37 条市政道路完成海绵化改造，实现了"小雨不湿鞋"的目标，居民雨天出行更加便利。新建 2.1hm² 生态停车场，增加 5.3hm² 绿地，增加 2.7hm² 水面，节约 4.6hm² 公共调蓄空间，人居环境质量明显提升。年雨水资源利用量达 83.6 万 t，绿化灌溉用水、景观水体补水、市政杂用水开始大量使用雨水等非常规水资源，扭转了长期以来"雨时涝、晴时旱"的窘境。海沧马銮湾试点区还针对 7 个易涝点的内涝成因，按照"源头减排—过程控制—系统治理"的总体思路，从全流域尺度构建了"上截—中蓄—下排"的大排水系统，从根本上解决了试点区的城市内涝问题。2017 年汛期，马銮湾试点区历史内涝点均未发生内涝，6 个城中村、200 余户、超过 600 名居民免受内涝侵扰。

试点期间重点消除了新阳主排洪渠黑臭水体，水环境质量显著改善。沿新阳主排洪渠新增广场 1 个、雨水台地 1.6hm²、生态绿岛 3300m²，并对霞阳公园进行全面提升改造。在新阳大道北侧新建公园 1 处，居民休闲游憩空间大幅增加。随着新阳主排洪渠水质逐步提升，两岸生态环境显著改善，城市变得更加宜居。通过公园、湿地、城市绿道等大海绵系统的建设，缓解了海沧区的热岛效应，长庚医院附近区域夏季平均体感气温有一定降低。同时，有效改善了城区空气质量，本地栖息生物种类增多，城市人居环境得到显著提升（图 8-14、图 8-15）。

图 8-14   新阳主排洪渠治理前水质情况

图 8-15   新阳主排洪渠治理后水质情况

根据 2018 年开展的试点区满意度调查数据显示，海沧马銮湾试点区总体满意度达到 94%。由此可见，海绵城市建设给人民群众生活环境带来较大改善，在一定程度上达到了"大雨不洪涝，小雨不积水，水体不黑臭"的建设目标，增加了人民群众的生活舒适度。

8.2   翔安新城试点区——新城区实践

翔安新城定位为厦门城市副中心，是厦门市近期重点发展区域，大量基础配套项目和地块项目将加速实施，为新区探索不同类型海绵城市建设项目提供良好的基础，可有效探索新区海绵城市规划建设管控的经验。翔安新城的初期开发建设，已使水面率呈逐年减少趋势，若继续沿用传统开发建设模式，现状河网水系将进一步被切断、侵占，最终导致内涝频发。因此，亟须转变新城开发模式，尽快保护并修复自然本底，以海绵城市理念指导新城建设。此外，区域水环境日趋恶化，也迫切需要开展海绵城市建设，避免出现传统新城开发建设模式下所面临的水方面问题（图 8-16）。

图 8-16　翔安新城试点区范围图

8.2.1　试点区基本情况

1. 基本情况

翔安新城试点区面积为 15.4km^2，为沿海丘岭地形，地形高低起伏，总体地势由内陆向沿海方向缓缓倾斜下降，区内水网复杂，冲沟、水塘密布。试点区地势较为平坦，局部地区有一定高差，区域内部地势呈现中部略高，西南侧略低。地块最高点位于规划区中部，黄海高程 34.4m，最低点位于海头村东侧，黄海高程 4.1m。

翔安新城试点区内部有张埭桥水系、鼓锣水系、港汊水系等多条排水通道，水系周边自然地势较低。从试点区范围内逐年河湖水面变化来看，2006 年时水系连通，水面积较大，海头村、竹浦村河道自成体系，下店村附近水面尚未沟通，其余以南部港汊、洋塘河、张埭桥河为主要排水河道汇入大海。根据卫星影像图，2006 年试点区水域面积为 1.61km^2，水面率达 10.5%。2008 年时，水面积减少，南部港汊河道部分水面被占，但其他区域尚能分辨出水系格局。到 2011 年、2013 年和 2015 年，水面不断减少，已不能分辨出水流走线，水系较为凌乱，至 2015 年试点区水域面积仅为 1.2km²，水面率缩减为 7.8%（图 8-17）。

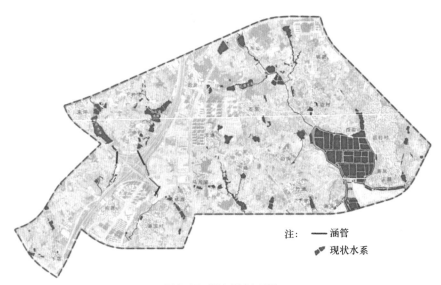

注：—— 涵管
　　◢ 现状水系

图 8-17　翔安新城水系图

2. 问题与需求分析

传统的开发模式下，一般忽视山水本底，仅从空间利益最大化、线路顺直的角度大开大挖，挤占山水空间，打碎城市原有海绵体骨架，导致水安全风险大大增加。翔安新城试点区作为待开发的新区，亟须改变传统模式，探索新区开发建设模式，将生态文明建设放在首位，在规划之初先"梳山理水"，再"造地营城"，最大限度地降低对自然本底的干扰与破坏。同时，随着新城开发建设，初雨径流污染也将进一步加重水环境负担。为持续保障水环境质量，须于今后开发建设中融入海绵城市建设理念，滞水净水，降低水环境压力，构建人与自然和谐共处的生态新城。

开发之初，由于村庄污水直排、农田面源污染等，已造成现状河湖水质呈 V 类或劣 V 类。为尽快提升水环境质量，亟须在近期采取水环境综合整治等措施，治水护水，恢复水清岸绿，营造美好生境。

8.2.2　建设目标与总体思路

1. 建设目标与指标

根据厦门市海绵城市总体目标的要求，从强化面源污染治理，改善地表水环境质量；提高城市雨洪调蓄能力，保障排水防涝安全；修复城市生态系统，增强极端气候的适应能力；创造非常规水资源利用的有利条件等方面考虑，制定翔安新城试点区海绵城市建设4个总体目标、6个建设指标，长期指导翔安新城试点区海绵城市建设（表8-3）。

翔安新城试点区海绵城市建设目标与建设指标表   表 8-3

类　　型	功能	年　　限	
		近期（2018 年）	远期（2035 年）
总体目标	河湖水质达标率	水环境	≥ 80%	100%
	城市内涝防治能力	水安全	有效抵御 50 年一遇 24h 降雨量（348.8mm）	有效抵御 50 年一遇 24h 降雨量（348.8mm）
	年径流总量控制率	水生态	≥ 75%	≥ 75%
	雨水资源利用率	水资源	≥ 3%	≥ 5%
	污水再生利用率		≥ 20%	≥ 30%
建设指标	水面率*	水环境／水生态	≥ 8%	≥ 8%
	河湖水系生态岸坡率*		≥ 70%	≥ 90%
	绿化覆盖率*		≥ 21%	≥ 21%
	地表水环境质量标准*	水环境	≥Ⅳ类	≥Ⅳ类
	面源污染削减率	水环境	≥ 45%	≥ 45%
	雨水管渠设计重现期	水安全	3 ～ 5 年	3 ～ 5 年

注：建设指标中，带"*"为约束性指标，其余为鼓励性指标。

2. 总体思路

翔安新城的海绵城市建设，以目标导向为主、问题导向为辅，重点突出城市建设管理中的海绵管控。为落实试点区海绵管控，首先梳山理水，严格保护水系、绿地等大海绵体，打通行泄通道，留足调蓄空间，控制水文竖向，全方位保障城市排水安全。其次造地营城，精细管控地块、道路等小海绵体，杜绝点源污染，减少面源污染，全流程保护城市水体环境。试点区通过长期管控、近期修补相结合，合理布局，综合保障，全面建成符合海绵城市理念的生态新城（图8-18）。

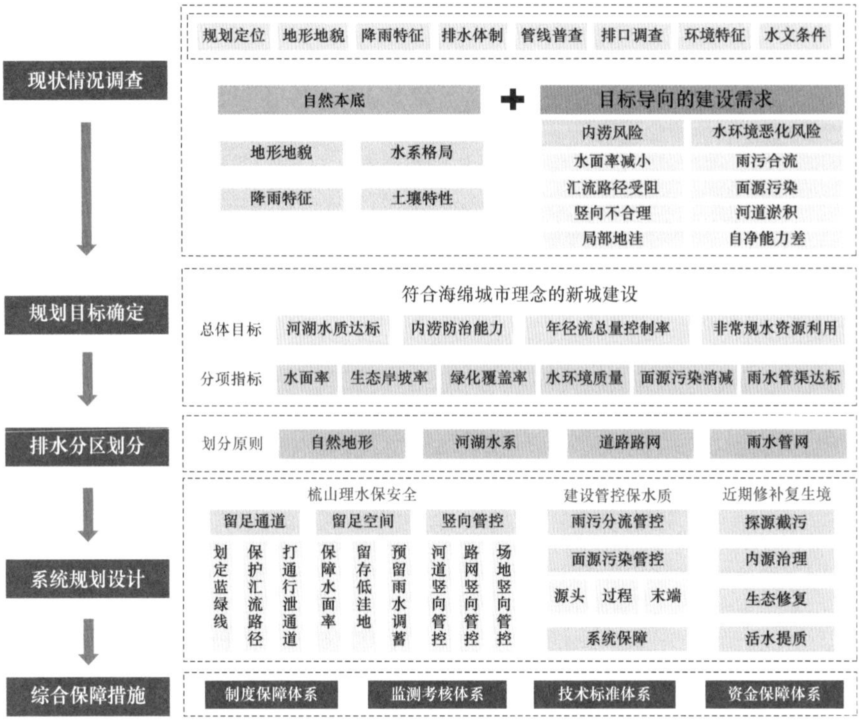

图 8-18 翔安新城试点区海绵城市建设技术路线

8.2.3 梳山理水保安全

试点区地处“山地—平原—海湾”的过渡区域，地势起伏、水系丰富，由山体、林地、溪流、湿地、水库等不同的自然纹理元素将整体城市空间组团化，构成得天独厚的生态廊道与山水基底，形成了独具特色的山水微地形格局。

秉承生态为先、兼顾发展的理念，分析城市水文及地形地貌特征，识别现状河流、湿地、低洼地、易涝点、径流路径、高程坡度等敏感因子，进行试点区蓝、绿生态网络空间定位。

1. 划定水系蓝线，保护行泄通道

试点区主要包含张埭桥水系、鼓锣水系及港汊水系。为保障城市开发后行洪安全，需预先留足行泄通道。根据《厦门市防洪防涝规划》，试点区所在流域防洪标准为 50 年一遇，河道水面线计算采用 2 年一遇洪水＋ 50 年一遇潮位和 50 年一遇洪水＋ 2 年一遇潮位两种洪潮组合方式进行校核。针对两种情景计算结果，取不利包络线作为最终的水面线，由此确定预留行洪宽度。其中，张埭桥水系河口宽度 10 ～ 42m，鼓锣水系河口宽度 10 ～ 15m，港汊水系河口宽度 23 ～ 37m，如图 8-19 所示，保障区域行洪安全。

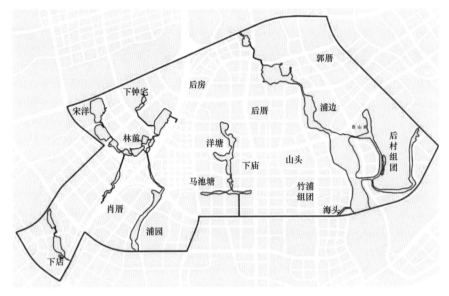

图 8-19 翔安新城试点区蓝线范围划定

在水文计算基础上，调整原有土地利用规划，通过新开河道、拓宽河道等途径，连通原始水系和洼地，打通张埭桥流域、鼓锣流域及港汊流域上下游涝水行泄通道，恢复并连通水系 3.2km。结合景观需求，尽可能保留水系自然形态，并针对局部汇水量大、河底坡度缓、低洼地带的水系适当拓宽水面宽度，建设东山湖、悦心湖、翡翠湖、濯缨湖、美灵湖、洋塘湖等。拓宽后，张埭桥水系河口宽度 10 ～ 120m，鼓锣水系河口宽度 10 ～ 40m，港汊水系河口宽度 23 ～ 360m，试点区水面率达到 8%。

以上述洪潮不利组合校核计算的河道宽度作为防洪岸线，结合城市景观需求及河道岸线形式条件，绘制河道生态保护蓝线，并根据《厦门市水系生态蓝线管理办法（试行）》要求，严格蓝线管控。

案例介绍——鼓锣公园海绵城市建设工程

1. 项目简介

鼓锣公园属于洋唐居住区的社区公园，为新建项目，是厦门第一批海绵城市建设项目。项目于 2016 年开始建设，2017 年完工，位于翔安新城中部。

项目为水系公园项目，总面积为 65257.013m²，水体面积为 7363.3m²，绿化率达到 85%，总投资概算 2982.46 万元。项目建设指标为年径流总量控制率 75%、SS 削减率为 45%。

2. 方案设计

项目基于海绵城市建设理念，以绿地与广场、生态水系等建设为载体，统筹规划、设计、施工及工程管理等各个环节，突破传统的"以排为主"的城市雨水管理理念，通过渗、滞、蓄、净、用、排等多种生态化技术，构建低影响开发雨水系统，项目综合采用植草沟、透水铺装、湿塘等 LID 设施（图 8-20、表 8-4）。

图例：
- 雨水花园
- 生态驳岸
- 植草沟
- 人工湖
- 人工湿地
- 前置湖

图 8-20 海绵设施平面布置图

项目实施方案设施布置量 表 8-4

项目	地块	绿化（m²）	透水铺装（m²）	植草沟（m²）	雨水花园（m²）	湿塘（m²）
鼓锣公园	B11	30638	4885	514	951	3166
	B15	25067	6475	388	571	4197
	总地块	55705	11360	902	1522	7363

3. 实施效果

项目建成后达到 75% 的年径流总量控制目标，提升区域的生态环境质量、基本解决区域水问题，提高居民幸福感和获得感。

2. 留足蓄滞空间，保障排涝安全

以流域为单元，校核各流域蓄滞空间。根据《翔安区（南片区）排水防涝综合规划》，试点区内涝防治标准为 50 年一遇。以张埭桥流域为例，张埭桥河肖厝南路断面以上汇水面积 9.09km²，50 年一遇降雨条件下（24h，329mm）汇水量达 299 万 m³，排水能力 26m³/s，排涝量可达 224.6 万 m³，而上游乌石盘水库及宋洋水库可调蓄量为 47.7 万 m³，河道本身调蓄量约 20 万 m³，尚缺 6.7 万 m³ 调蓄空间。结合土地利用规划，沿水系周边增设绿带，共计 25.3hm²，新增有效调蓄空间约 12.6 万 m³，可满足该流域调蓄需求，保障排涝安全。

以保障行洪、排涝安全为基础，根据《厦门市城乡规划管理技术规定》（2016 年版）的相关要求，"有堤防的溪流防护绿带最小宽度为堤岸外角外围 5m，调蓄水体防护绿带宽度不得小于 20m"，进一步合理确定试点区各流域水体外侧绿线范围及绿地宽度，落实水体周边防护绿地的用地属性。留足绿色廊道，满足排水安全需求，并为水体生态岸线构建、排口湿地建设预留空间，蓝绿交融，最终营造和谐稳定的自然生态生境，构建"生态、宜居、安全"的海绵生态格局。

3. 控制竖向标高，科学组织径流

以试点区山水微地形为基础，依山傍水，结合自然径流走向梳理道路脉络，留出行泄路径，控制竖向标高，尽可能减少对排水路径的干扰，并保证最长排水路径控制在 2km 以内，减少管道埋深，提高排水效率。

以城场路（洪钟大道以东段）为例。城场路是翔安南部新城东西向重要的交通主干道，其洪钟大道以东段为港汊水系两侧重要的行泄通道。在道路竖向规划时，尽可能不改变原汇水方向，仅做适当微调以保证道路竖向平缓过渡，并依据汇水范围合理布设雨水管道，保障足够的排水能力。

在保障行泄通道的基础上，进一步精细化控制试点区内其余道路及场地竖向，为雨水排除提供有利条件。其中，城市道路坡度不宜小于 0.3%，尽量减少下凹点，控制竖向不低于设计洪水位 0.5m 安全超高。场地竖向比周边道路的低路段高程高出 0.2m 以上，根据该地块的重要性和区域地形条件可适当提高。

8.2.4 建设管控保水质

在今后试点区开发建设过程中，为进一步保障水环境质量，将严格雨污分流，自源头减排、过程控制、末端治理全流程控制面源污染，辅以系统保障，实现水环境良性循环，构建水城相融、人水相依的生态水系。

1. 雨污分流管控

为实现源头雨污真正分流，试点区采用"雨水地面走，污水地下走"，即断接建筑雨落管，合理组织屋面雨水及地面雨水进入生物滞留设施，改传统雨水地下直排为地面组织、滞蓄、净化及溢流。若小区阳台含污水排口，则要求将阳台立管接入污水管网，另设立管收集屋面雨水并于底部断接，自源头将雨水与污水彻底分流，令其各行其道，互不干扰。

以洋塘保障性安居工程（F-13）海绵城市建设项目为例。为了使屋面雨水得到滞留及净化，将雨水立管断接改造，并于排出口下设置鹅卵石缓冲带，引流至生物滞留设施内，使其得到充分的滞留与净化。

案例介绍——洋塘保障性安居工程（F-13）海绵城市建设项目

1. 项目概况

该项目位于翔安新城中北部洋塘保障房片区东南侧，城场路与洪钟大道的交叉口，是集海绵功能、居住功能、生态绿色为一体的海绵城市小区。项目占地面积 2.0hm^2，于 2015 年 12 月开工，2017 年 9 月完工。

项目结合《翔安新城试点区域海绵城市建设实施方案》及《厦门市翔安南部新城试点区海绵城市专项规划》中对翔安新城试点区的实施目标及地块开发的上位规划设计条件，本项目设计年径流总量控制率为 75%，对应设计降雨量为 32mm，年径流污染（以悬浮物 TSS 计）去除率为 45%。

2. 方案设计

根据地块规划目标，结合现状情况及边界条件，按照海绵城市建设理念，优化洋塘居住区低影响开发设施空间布局，对雨水立管进行断接处理，将屋面雨水引至生物滞留带内，并将道路两侧绿地改造为植草沟及雨水花园，收纳道路及绿地的雨水。考虑在屋面做模块式的绿色屋顶，在中间仍留有一定空间及走道，既控制了部分雨水量不外排，同时也有一定的景观效果（图 8-21）。

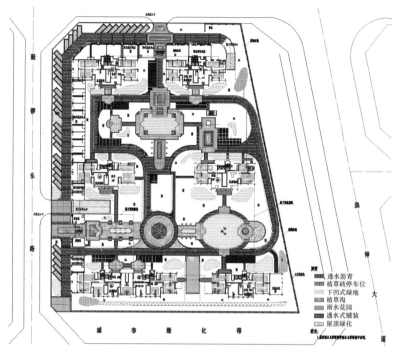

图8-21 海绵设施平面图

3. 实施效果

项目建成后达到75%的年径流总量控制目标，区域的生态环境质量得到了提升，雨水系统的排水能力得到了有效提升，居民幸福感得到显著提升（图8-22）。

图8-22 洋塘保障性安居工程（F-13）海绵城市建设项目现场图

2. 面源污染管控

面源污染控制的主要途径为源头减排、过程控制及末端治理。其中，以源头减排为重点，合理确定年径流总量控制率、年径流污染控制率等管控指标。以过程控制为辅助，随着城市的开发建设，不断完善雨水管网转输系统。以末端治理为后盾，增设湿地以进一步净化雨水。试点区从雨水收集到最终排放实行全流程环环把控，以水环境容量为限，严格控制入河面源污染。

以张埭桥流域为例。面源污染715.69t/a（以COD计，下同），源头共计319个地块及23条道路采用低影响开发，削减污染量307.75t/a，经70.6km雨水管渠转输，末端增设雨水湿地2.1hm²，削减污染量121.66t/a，经源头、过程、末端控制，最终入河污染量小于水环境容量，可保障水环境质量达到目标要求（图8-23）。

面源污染	源头减排	过程控制	末端治理	入河污染负荷	
张埭桥流域 715.69t/a（以COD计）	地块319个，道路23条 −307.75t/a	雨水管渠 70.6km	雨水湿地12处（2.1hm²） −121.66t/a	286.28t/a <441.7t/a（水环境容量）	水 环 境 Ⅳ 类
鼓锣流域 244.0t/a（以COD计）	地块89个，道路11条 −109.8t/a	雨水管渠 17.0km	雨水湿地5处（0.9hm²） −63.4t/a	70.8t/a <73.1t/a（水环境容量）	
港汊流域 828.11t/a（以COD计）	地块321个，道路51条 −364.97t/a	雨水管渠 67.2km	雨水湿地6处（2.8hm²） −132.5t/a	331.24t/a <771.8t/a（水环境容量）	

图8-23　试点区面源污染管控流程

3. 河道生态修复

为进一步提升水环境自净能力，留足水、留好水，试点区在控源截污的基础上，开展生境营造，提出生态岸线、生态浮岛、微地形设计、动植物配置等措施，修复并保护河道生态。定期内源治理，依据河沙底泥淤积速度，制定清淤整治工作计划。按需活水提质，挖掘河道蓄水保水能力，调度再生水进行生态补水。一水一策，系统规划，全面保障试点区水系达到水环境Ⅳ类水质（图8-24）。

图8-24　试点区港汊水系生境营造方案

8.2.5 近期实施方案

试点区尚在开发建设之初,水环境问题便已凸显,水安全体系未完善,水资源需求日益迫切。经系统分析,合理确定试点区近期海绵城市建设目标为:河湖水质达标率不低于 80%,城市内涝防治能力能有效抵御 50 年一遇 24h 降雨量,年径流总量控制率不低于 75%,雨水资源利用率不低于 3%,污水再生利用率不低于 20%。

为实现试点区近期海绵城市建设目标,采取控源截污、内源治理、生态修复、活水提质等水环境改善及非常规水资源利用措施,并随近期地块、道路及水系建设生成源头减排、管网建设、水系连通等水安全保障项目,共计 83 项工程,涵盖村庄改造、公建设施、居住小区、公园绿地、市政道路及河道水系六大类,总投资约 82.56 亿元。其中,鼓锣片区建设项目 26 项,张埭桥片区建设项目 37 项,港汊片区建设项目 20 项,具体如图 8-25 所示。

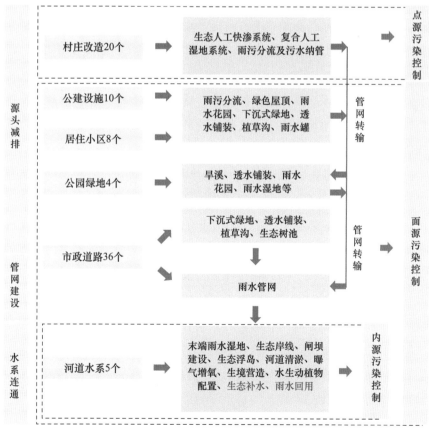

图 8-25　近期实施方案

第9章 海绵城市建设的思考与展望

在3年海绵城市试点及试点后推广建设中，厦门市海绵城市建设形成了一套集理念与实践于一体的本地特色经验，同时在持续地优化改进，不断地总结、反思。万事起步难，持之以恒更难。试点后时期应该如何因地制宜、实事求是地继续开展海绵城市建设，将是今后工作的核心。

9.1 海绵城市建设思考

9.1.1 理念层面

建设具有自然积存、自然渗透、自然净化功能的海绵城市，是城镇化发展至今的重要转型，也是生态文明建设的重要内容。海绵城市的内涵十分广泛，包括低影响开发、内涝整治、黑臭水体治理、雨水资源化利用等多个方面，是在宏观生态安全格局构建基础上，以微观层面的"源头减排、过程控制、系统治理"为抓手，统筹"水环境、水安全、水生态、水资源"四大体系，恢复、保护城市自然积存、自然渗透、自然净化等自然属性，营造水城相融、人水相依的美好环境，这与厦门市建设"高颜值的生态花园之城"的目标高度契合。

在全面落实海绵城市建设理念的几年实践中，经过反复的实践、论证，逐步明晰真正适合厦门市的海绵城市建设思路：有效应对洪涝灾害和水体污染。此前的探索阶段，厦门市海绵城市以建设从"水环境、水安全、水生态、水资源"四个方向同步推进，未真正从自身的本底条件与实际需求出发，未侧重调整海绵城市建设目标。厦门环山抱海，属亚热带季风气候，每年夏、秋两季台风高发，伴随的降雨常为大到暴雨，具有雨量大而集中、径流汇集迅速等特点，同时地下水位普遍较高，这就决定了厦门市面对降雨优先要保证"快排"，其次才是"蓄滞"。从实际需求来看，一方面，随着城市开发建设，大量下垫面硬化，水系格局被迁改，城市下垫面的整体下渗能力及排水能力显著下降，致使洪涝灾害频繁出现；另一方面，由于农村污水直排、建成区雨污混接、道路及建筑小区初期雨水污染等，许多沟、塘、溪流、湾区的水环境质量堪忧，水生态系统有待重塑。因此，厦门市现阶段面临的是保障水安全、整治水环境的迫切需求，而对于雨水的蓄滞、回用需求相对来说并不紧迫。

基于对本底特征与实际需求的进一步认识，厦门市试点后时期的海绵城市建设方向开始转变，以因地制宜、实事求是为指导思想，明确了下一阶段以解决城市内涝、水体污染为抓手，已建城区结合城市更新，新城片区结合开发时序，合理实施低影响开发设施建设。这一新思路，已通过2019年底厦门市人民政府发布的《厦门市海绵城市建设工作方案》确立。

9.1.2 实践层面

（1）径流控制的系统统筹

根据《指南》，厦门市位于我国大陆地区年径流总量控制率分区图中的第Ⅳ区（70% ≤ α ≤ 85%）。由此，厦门市在申报试点城市以及编制全市海绵城市专项规划时，对试点区及全市提出了年径流总量控制率为70%的目标。以此为基础，通过海绵城市规划体系的层层传导与反馈，逐步将全市70%的年径流总量控制率的目标合理分解至各个地块及道路，形成覆盖全市的海绵城市建设指标网络体系，同时依托"多规合一"平台，将海绵城市管控落实到全市新、改、扩建工程项目的全生命周期。

然而，在实践中问题逐步显现，出现部分道路、地块内的海绵设施下凹深度过深、植被不易存活、设施布局过多、蓄滞效果不佳等现象。原因在于此前的径流控制指标分解过于强调源头自身控制，忽略了厦门真正的海绵城市建设需求是涝水快排及水体整治，忽视了厦门天然的山、水、林、田、湖等良好的"大海绵"基底。

在"因地制宜、实事求是"的海绵城市建设新思路指导下，厦门尝试从新城片区入手，通过编制径流控制实施规划，以全局视角重新优化海绵城市空间选择，不再局限于由每个项目进行自身径流控制。旨在通过系统统筹片区径流组织，通盘谋划大、中、小尺度海绵的系统布局，将绿地率低、建筑密度高等建设项目的径流合理引流至周边公园绿地、坑塘水系中净化，因地制宜纳入片区统筹平衡。既充分发挥大海绵体蓄滞、行泄、净化等多种功能，又合理弱化海绵设施实施条件不足项目的径流指标管控要求，同时能够保障流域径流总量与径流污染的有效控制。

通过对径流控制的流域系统统筹，做到了将海绵城市与厦门本底特征、城市建设等相融合，形成了具有厦门特色的海绵城市规划、建设模式，实现了厦门因地制宜开展海绵城市建设的又一次质的提升。

（2）排水系统的科学衔接

海绵城市建设一般涉及源头减排、过程控制、系统治理等小、中、大三个尺度，以排水系统为例，分别对应海绵设施、雨水管网及行泄通道。其中，海绵设施包括下凹式绿地、雨水花园、绿地屋顶、透水铺装等，主要承担源头初期雨水的径流控制，其余过量径流通过溢流口等排入雨水管网，超过雨水管网标准的降雨径流则主要利用道路、绿地、沟渠等行泄通道快速汇入周边水体。

在实际应用中，这3个系统尚未真正进行有效衔接，大多仍是参照既有规范及经验，按照各自传统思路进行规划设计。例如，在源头新增海绵设施情况下，降雨径流已有部分得到控制，整体下垫面径流系数已大幅降低，而雨水管网仍是按原来的设计标准执行，未根据新的环境条件做出相应调整。再如，流域的面源污染控制是水环境整治的重要组成，除利用源头海绵设施进行削减外，部分仍需依托末端湿地进行吸纳。而雨水管网作为其中的转输系统，尚未做到初期雨水的及时分离，使得受污染的初期雨水与后期干净雨水混合后进入末端湿地，从而增加湿地规模并降低净化效果。

由此可见，海绵城市是对城市排水的重新认识，不再仅仅是简单的排除雨水，而从源头、过程至末端都有着更全面的功能需求以及更为精细化的衔接要求。对此，厦门市借助"多规合一"平台，通过统筹海绵城市、市政、道路、绿地等专项规划，从安全可靠、绿色集约、高效经济等角度出发，充分评估分析海绵城市建设后实现的径流总量控制、径流污染控制、径流峰值延缓与削减等方面的效果。对源头减排、过程控制、系统治理等小、中、大三个尺度排水系统进行精细化的系统规划设计，从源头至末端各个环节有效分离、转输初期雨水至净化设施，重新优化海绵设施、雨水管网及行泄通道三个系统之间的衔接，在保障城市排水安全的前提下，提高雨水系统的可靠性、功能性与经济性。

（3）海绵设施的精细实施

厦门市通过编制9本海绵城市建设本地标准、规范，对规划、设计、建设、运维、评价等环节都制定了详细的技术要求。由于多数标准、规范是在试点期间内编制完成，技术尚未完全成熟。经过几年的实践发现，许多海绵设施缺乏精细化设计、施工，美观性不足，且投资多、管养难，亟须进一步优化提升。

一是缺乏系统性设计，设施布局不合理。在海绵城市设计中，常见简单套图而未系统设计的现象，对路缘石开口、溢流井、挡水堰、雨水口等设施位置的布置散乱，造成雨水未经滞蓄净化直接进入雨水系统，或由于径流组织路径被阻断而出现积涝现象。

二是缺乏精细化施工，设施细节粗糙。部分施工团队缺少海绵城市建设经验，未按图合理施工，对路缘石开口、沉沙槽、溢流井、下沉绿地等重要节点的竖向未做好衔接，或仍沿用传统工艺进行海绵设施施工，造成海绵设施无法正常运行。

三是缺乏常态化管养，设施功能下降。海绵设施是较为精巧的源头径流控制措施，若缺乏一定的后期管养，容易由于淤积、堵塞等而失去正常的径流控制效果。例如，下凹式绿地内植被长势差，土壤裸露，净化效果差；路缘石开口、溢流井、环保型雨水口等被落叶堆积堵塞，失去原有的雨水收集组织功能。

针对上述问题，厦门市通过开展一系列研讨，组织相关管理部门、专家学者、建设单位、设计单位、施工单位等共同探讨优化提升措施。经多轮详细论证后，已初步提出控制下沉底标高、基础设施顶标高以及取消碎石层、透水管、缓坡段挡水堰等改进措施，让海绵道路更加精简化、美观化、标准化且少维护。

9.2 展望

基于"因地制宜、实事求是"的思路，一方面需要调整海绵城市技术路线，以解决城市内涝、水体污染为主要方向；另一方面需要重新审视既有规划、设计、施工、管理体系，查缺补漏，逐一强化每个环节。下一阶段，厦门市海绵城市建设将重点围绕以下几方面开展：

一是系统统筹。开展片区径流控制实施规划，以全局视角重新优化海绵城市空间选择，不局限于由每个项目进行自身径流控制，而通过系统统筹片区径流组织，充分发挥好公园绿地、河湖水系等优质大海绵体的保水、排水、净水等功能，以更合理、经济而有效的系统措施解决问题。

二是分类管控。对于绿地率条件较好的居住、公共设施类等用地，仍采用年径流总量控制率指标间接进行径流污染管控，对于不具备同步实施海绵设施条件的项目则通过纳入海绵城市管控指标豁免清单进行简化管理。2019年底，厦门市出台了第一批豁免清单项目，针对日常审批管理常见的线性、小型、地下类项目实行管控指标豁免，即在其规划条件、设计、报建、图纸审查、验收等环节对海绵城市建设管控指标不作强制性要求，而由建设单位根据项目特点因地制宜落实海绵城市建设理念。

下一步将继续完善海绵城市管控指标豁免管理体系，进一步研究优化工业、物流、商业、商务等绿地率低、建筑密度高的项目管控要求，拟不作指标的强制性要求。而是提出对人行道、雨水口、路缘石、绿地等融入海绵城市理念的定性技术要求，做到管控要求科学合理、实事求是。

三是研究支撑。在既有研究体系基础上，一方面，补充厦门市市政道路面源污染研究，通过实地采样实验，研究明确厦门市道路面源污染基本特征，提出初期雨水控制的推荐体积，作为下一步调整优化道路雨水控制策略的基础研究支撑；另一方面，开展地质影响及海绵城市建设适宜性研究，明确各地质条件下的海绵城市建设适宜性及建设策略，并划定非适宜区，为下一步研究制定海绵城市建设豁免区域奠定基础。

四是完善标准。以简化、美化、标准化、少维护为原则，重新修订相关技术规范及标准图集，出台道路、老旧厂房、老旧小区等典型项目的标准化设计导则，规范化指导各类项目方案设计，做到与景观及城市功能相融合，切实将海绵设施融入城市建设。

五是市场保障。为营造良性的市场环境，下一步将研究海绵城市建设规划设计取费标准、施工图审核取费标准、海绵城市建设工程与运行维护定额标准等相关取费、定额标准，健全海绵城市建设市场定额体系，保障市场的有序运营。

六是落实验收。计划借助厦门市"多规合一"平台，将海绵城市建设工程竣工验收纳入联合验收环节。实现在建设项目申请联合验收时，同步通知海绵主管部门到场参加，并出具海绵城市验收意见，以指导建设单位进一步整改完善，切实保障海绵城市建设效果。

七是强化监管。建立全市建设项目海绵城市资料库，并定期开展建设项目海绵城市专项抽查。抽查结果及整改情况将作为相关部门年度生态文明建设评价考核评分的重要参考，也作为建设、设计、施工、监理、运维等相关单位的资信评价依据。通过有效的事中事后监管机制，能够促进各部门、单位在项目建设各个环节中不断落实、完善各自工作职责，全面规范海绵城市建设管理网络与市场体系。

八是加强培训。重点围绕海绵城市建设项目全过程进行技术强化，对审批、设计、施工、验收、管养及其他相关人员开展针对性技术培训。

将海绵城市建设的技术要点及时、全面、深入地嵌入各个环节，进一步整体推动我市海绵城市建设技术水平的提升，逐步培养出本地一流的技术力量，为建设成高质量、高颜值的海绵城市奠定坚实基础。

参 考 文 献

［1］蔡莉丽．厦门："多规合一"建设项目审批改革从流程再造到制度创新［J］．建筑．2019（8）：36–39.

［2］陈国元，等．不同质量浓度苦草对铜绿微囊藻生长及抗氧化酶系统的影响［J］．环境工程学报，2012，6（11）：4107–4112.

［3］陈利顶，等．中国景观生态学发展历程与未来研究重点［J］．生态学报，2014，34（12）：3129–3141.

［4］程丽颖．快速城镇化背景下厦门暴雨内涝形成机理及规划防控研究［D］．天津：天津大学，2017.

［5］车生泉．西方海绵城市建设的理论实践及启示［J］．人民论坛·学术前沿，2016（21）：47–53，63.

［6］丁兰馨．山地海绵城市建设机制与规划方法研究［D］．重庆：重庆大学，2016.

［7］丁锶湲，等．智慧化海绵体系下的内涝防控策略研究——以厦门市为例［J］.给水排水，2019，44（11）：67–73.

［8］丁锶湲．基于数字技术的厦门雨涝易发地区灾害防控方法研究［D］.天津：天津大学，2017.

［9］樊秋芸．基于生态理念的成都府南河滨水景观修复与更新研究［D］.成都：西南交通大学，2017.

［10］傅伯杰，等．国际景观生态学研究新进展［J］．生态学报，2008，28（02）：798–804.

［11］傅伯杰，陈利顶，马克明．景观生态学原理及应用［M］．北京：科学出版社，2011：49.

［12］关天胜．厦门市海绵城市建设全过程管控机制探讨［J］．给水排水，2019，045（012）：43–46.

［13］顾晶．城市水利基础设施的景观化研究与实践［D］．杭州：浙江农林大学，2014.

［14］国务院办公厅．关于推进海绵城市建设的指导意见［R］．2019.

［15］黄黛诗，王泽阳，曾如婷．生态新区修建性详细规划层面海绵城市规划研究——以厦门鼓锣流域为例［J］．城市规划学刊，2017，

07：130–136.

［16］黄黛诗，王宁，吴连丰，等．海绵城市理念下既有工业厂区建设
方案研究［J］．给水排水，2019，44（11）：63–66.

［17］黄黛诗，吴连丰，李运杰，等．新城海绵城市建设系统化方案探
索——以厦门翔安南部新城为例［J］．给水排水，2019，45（11）：
51–56.

［18］睢晋玲，刘淼，李春林，等．海绵城市规划及景观生态学启示——
以盘锦市辽东湾新区为例［J］．应用生态学报，2017，28（03）：
975–982.

［19］冀紫钰．澳大利亚水敏感城市设计及启示研究［D］．邯郸：河北
工程大学，2014.

［20］李博，杨持，林鹏．生态学［M］．北京：高等教育出版社，2000.

［21］李锋瑞，马廷旭．现代生态学思维形态演化规律初探——兼论系
统科学理论在现代生态学发展中的作用［J］．兰州大学学报，
1993，21（3）：71–76.

［22］林炳章．水文气象大数据分析与网络洪涝灾害预警平台探讨［J］．
中国防汛抗旱，2019，29（05）：3.

［23］林建城，等．几种闽南常见乔本植物其耐涝性研究［J］．科技创
业月刊，2017，30（07）：139–140.

［24］林智琛，等．PMP 估算中地形对山地暴雨增幅作用的影响［J］．
水电能源科学，2019，37（01）：5–8.

［25］刘昌明，张永勇，王中根，等．维护良性水循环的城镇化 LID 模
式：海绵城市规划方法与技术初步探讨［J］．自然资源学报，
2016，31（05）：719–731.

［26］梁春飞．基于 BMPs 的湖南烈士公园雨水管理研究［D］．长沙：
中南林业科技大学，2013.

［27］刘丹，华晨．浅析应对气候变化的弹性设及策略［J］．华中建筑，
2015（01）：107–111.

［28］刘欢，杨少荣，王小明．基于河流生态系统健康的生态修复技术
研究进展［J］．水生态学志，2019，40（02）：1–6.

［29］刘星，石炼．城市可持续水生态系统初探——以中新天津生态城
为例［J］．城市发展研究，2008（S1）：316–319.

［30］刘雅兰．城市区域尺度中的 SWBMPs 应用及规划要素控制［D］．

上海：同济大学，2016.

［31］刘晔．ABC 全民共享水计划 海绵城市在新加坡［J］．城乡建设，2017（05）：66-69.

［32］刘颖苾，刘磊，宋雪韵．国内外雨洪管理技术发展沿革［J］．中国园艺文摘，2017，33（08）：70-73.

［33］李文运，张伟，戈建民，等．水量平衡分析方法及应用［J］．水资源保护，2011，27（6）：83-87.

［34］马世骏、王如松．复合生态系统与持续发展复杂性研究［M］．北京：科学出版社，1993：239-250.

［35］蒲文珺．探析美国暴雨水管理策略中的设计艺术［C］//建筑科技与管理组委会．2014 年 7 月建筑科技与管理学术交流会论文集．北京恒盛博雅国际文化交流中心，2014：2.

［36］仇保兴．海绵城市（LID）的内涵、途径与展望［J］．建设科技，2015（01）：11-18.

［37］岳隽，王仰麟，彭建．城市河流的景观生态学研究：概念框架［J］．生态学报，2005（06）：1422-1429.

［38］任兰红．福建沿海部分历史文化街区缓减台风灾害措施研究［D］．天津：天津大学，2017.

［39］任兰红，曾坚，曾穗平．山地地形对鼓浪屿历史文化街区风荷载作用效应研究［J］．山地学报，2019，37（01）：41-52.

［40］上海市政工程设计研究总院（集团）有限公司，厦门市城市规划设计研究院．厦门市翔安南部新城试点区海绵城市专项规划（修编）［Z］．2018.

［41］商慧，林炳章，徐磊．可视化降雨频率图集和暴雨高风险区划图集研究［J］．中国给水排水，2019，35（05）：131-138.

［42］沙永杰，纪雁．新加坡 ABC 水计划——可持续的城市水资源管理策略［J/OL］．国际城市划：1-9［2019-10-31］．http：//kns.cnki.net/kcms/detail/11.5583.TU.20190911.1322.002.html.

［43］束方勇，李云燕，张恒坤，等．海绵城市：国际雨洪管理体系与国内建设实践的总结与反思［J］．建筑与文化，2016（1）：94-95.

［44］苏功平，陈文清．建立环境科学理论框架的构想［J］．四川环境，2016，035（03）：151-154.

［45］孙婕．海绵城市的理念方法在我国水环境治理中的应用探究［J］．

环境保护与循环经济，2018（4）：8-11.

［46］汪诚文，郭天鹏．雨水污染控制在美国的发展、实践及对中国的启示［J］．环境污染与防治，2011，33（10）：86-89，105.

［47］王浩，梅超，刘家宏．海绵城市系统构建模式［J］．水利学报，2017，48（9）：1009-1014.

［48］王浩，王建华．中国水资源与可持续发展［J］．中国科学院院刊，2012，027（03）：352-358，331.

［49］王吉苹，朱木兰．厦门城市降雨径流氮磷非点源污染负荷分布探讨［J］．厦门理工学院学报，2009，17（2）：57-61.

［50］王竞楠．城市规划与发展视角下海绵城市多元价值探究——以新加坡 ABC 水计划为例［M］// 中国城市规划学会．共享与品质——2018 中国城市规划年会论文集．北京，2018.

［51］王宁．厦门海绵城市专项规划编制实践与思考［J］．城市规划，2017，41（06）：108-115.

［52］王宁，吴连丰．厦门海绵城市建设方案编制实践与思考［J］．给水排水，2015，41（06）：28-32.

［53］王让会．生态科学研究的新进展［J］．南京信息工程大学学报，2012，4（4）：301-306.

［54］王如松．转型期城市生态学前沿研究进展［J］．生态学报，2000（05）：830-840.

［55］王如松，欧阳志云．社会—经济—自然复合生态系统与可持续发展［J］．中国科学院院刊，2012，27（03）：337-345.

［56］王森．徐州市水生态安全格局构建［D］．徐州：中国矿业大学，2018.

［57］王思思，张丹明．澳大利亚水敏感城市设计及启示［J］．中国给水排水，2010，26（20）：72-76.

［58］王泽阳，海绵城市 LID 设施模型参数敏感性研究［J］．给水排水，2019.44（11）：57-62.

［59］王泽阳，黄黛诗，谢胜，等．海绵城市系统化方案编制思路与厦门实践［J］．给水排水，2019，44（11）：74-78.

［60］王泽阳，等，海绵城市 LID 设施模型属地化参数研究——以厦门为例［J］．给水排水，2019，45（12）：52-58.

［61］邬建国．景观生态学——概念与理论［J］．生态学杂志，2000，

19（01）：42–52.

［62］吴连丰.厦门市海绵城市管控平台的探索与实践［J］.给水排水，
2018，44（11）：117–122.

［63］吴连丰.已建成区海绵城市建设方案编制实例研究［J］.给水排水，
2019，44（11）：46–50.

［64］吴连丰.基于监测分析的海绵城市建设效果评价［J］.给水排水，
2019，45（12）：65–69.

［65］夏军，石卫，王强，等.海绵城市建设中若干水文学问题的研讨［J］.
水资源保护，2017（01）：5–12.

［66］厦门市城市规划设计研究院.厦门市翔安区海绵城市近期建设规
划［Z］.2017.

［67］厦门市城市规划设计研究院.厦门市河道水系生态蓝线保护范围
划定规划［Z］.2017.

［68］厦门市城市规划设计研究院.厦门市绿地系统规划规划修编及绿
线划定［Z］.2015.

［69］厦门市城市规划设计研究院.厦门市思明区海绵城市专项规划
［Z］.2017.

［70］厦门市城市规划设计研究院.厦门市湖里区海绵城市专项规划
［Z］.2017.

［71］厦门市城市规划设计研究院.厦门市集美区海绵城市专项规划
［Z］.2018.

［72］厦门市城市规划设计研究院.厦门市海沧区海绵城市专项规划
［Z］.2018.

［73］厦门市城市规划设计研究院.厦门市同安区海绵城市近期建设规
划［Z］.2016.

［74］厦门市城市规划设计研究院.湖里区2020年重点片区海绵城市建
设实施规划［Z］.2018.

［75］厦门市城市规划设计研究院，中国市政工程华北设计研究总院有限
公司.同安区2020年重点片区海绵城市建设实施规划［Z］.2018.

［76］厦门市城市规划设计研究院.集美区2020年重点片区海绵城市建
设实施规划［Z］.2018.

［77］厦门市城市规划设计研究院.思明区2020年重点片区海绵城市建
设实施规划［Z］.2018.

［78］厦门市城市规划设计研究院．海沧创新园区海绵城市建设方案
　　　［Z］．2017.

［79］厦门市城市规划设计研究院．海沧新城内湖片区海绵城市建设方
　　　案［Z］．2017.

［80］厦门市城市规划设计研究院．海沧新城体育中心片区海绵城市建
　　　设方案［Z］．2019.

［81］厦门市环境总体规划编制领导小组．美丽厦门环境总体规划大纲
　　　（2013—2030）［Z］．2014.

［82］厦门市人民政府．厦门市海绵城市专项规划修编（2017—2035）
　　　［Z］．2018.

［83］厦门市人民政府．厦门市城市总体规划（2010—2020）［Z］.
　　　2011.

［84］厦门市资源和规划局．"美丽厦门"战略规划研究［Z］．2014.

［85］厦门市资源和规划局．厦门市控制性详细规划编制导则（试行）
　　　［S］．2017.

［86］谢鹏贵，吴连丰，黄黛诗．厦门市海绵城市建设径流控制指标的
　　　探索与实践［J］．给水排水，2019，45（08）：36-41.

［87］徐学宗，程涛．城市水管理与海绵城市建设之理论基础—城市水
　　　文学研究进展［J］．水利学报，2019，50（1）：53-61.

［88］杨青娟，李巧自．基于城市水量平衡的海绵城市设计研究［J］.
　　　西部人居环境学刊，2019，34（04）：35-41.

［89］尹路．低影响开发下城市公园雨水利用设计研究［D］．南昌：江
　　　西师范大学，2016.

［90］尹文涛．沿海低地城市岸线利用的水生态安全影响研究［M］//中
　　　国城市规划学会，东莞市人民政府．持续发展　理性规划——2017
　　　中国城市规划年会论文集（08城市生态规划）．中国城市规划学会，
　　　东莞市人民政府：中国城市规划学会，2017：699-712.

［91］俞孔坚，等．"海绵城市"理论与实践［J］．城市规划，2015，
　　　39：26-36.

［92］俞孔坚．海绵城市的三大关键策略：消纳、减速与适应［J］．南
　　　方建筑，2015（003）：4-7.

［93］俞孔坚，等．水生态空间红线概念、划定方法及实证研究［J］．生
　　　态学报，2019，39（16）：5911-5921.

［94］余蔚茗．城市水系统水量平衡模型与计算［D］．上海：同济大学，2008．

［95］张善峰，宋绍杭，王剑云．低影响开发——城市雨水问题解决的景观学方法［J］．华中建筑，2012，30（05）：83-88.

［96］张建云，王银堂，贺瑞敏，等．中国城市洪涝问题及成因分析［J］．水科学进展，2016，27（04）：485-491.

［97］张建云．城市化与城市水文学面临的问题［J］．水利水运工程学报，2012（001）：1-4.

［98］张晓昕，马洪涛．美国城市雨水径流管理概况与借鉴［C］．中国城市规划年会，2012.

［99］赵昱．各国雨洪管理理论体系对比研究［D］．天津：天津大学，2017.

［100］中国城市规划学会，杭州市人民政府．共享与品质——2018中国城市规划年会论文集（08城市生态规划）［C］．中国城市规划学会，杭州市人民政府：中国城市规划学会，2018：12.

［101］朱木兰，等．针对LID型道路绿化带土壤渗透性能的改良［J］．水资源保护，2013，29（03）：25-28，33.

［102］左其亭．水文学学科体系总结与现代水文学研究展望［J］．水电能源科学，2019，37（02）：1-4，50.

［103］Urbonas, B., Guo, J., Tucker, S. Sizing capture volume for stormwater quality enhancement [J]. Flood Hazard News, 1989, 19(1): 1-9.

［104］Kyle Eckart, Zach McPhee, Tirupati Bolisetti. Performance and implementation of low impact development-A review [J]. Science of the Total Environment, 2017, 607-608: 413-432.

［105］Liang Wen, Hou Langlong. A Review of Research on Sponge Cities [J]. Journal of Landscape Research, 2018, 10 (4): 19-20, 24.

［106］Wang Hao, Mei Chao, Liu Jiahong, et al. A new strategy of for integrated urban water management in China: Sponge City [J]. Science China Technological Sciences, 2018. 61 (3): 317-329.

［107］HoweJ. 英国可持续排水（SuDs）与透水路面的关系［J］．建筑砌块与砌块建筑，2015，198（06）：6-11.